基于卷积神经网络的 SAR 图像处理方法

JIYU JUANJI SHENJING WANGLUO DE SAR TUXIANG CHULI FANGFA

郑 彤 著

西安电子科技大学出版社

内 容 简 介

合成孔径雷达(Synthetic Aperture Radar,SAR)是一种主动式传感器,其通过发射电磁信号和接收散射回波,获得环境的观测信息。与其他传感器相比,SAR 具有可以全天时、全天候监测,不受气候和环境影响的优势。基于卷积神经网络的 SAR 图像处理相关技术结合了卷积神经网络(CNN)挖掘局部相关特征、保持平移不变性的优势,可以提升 SAR 图像处理的效果,相关研究成果可应用于军事和民用领域。

本书共 7 章,包括绪论、SAR 成像机理与 SAR 图像特性、CNN 的基本理论、基于CNN 的 SAR 图像斑点噪声抑制方法、基于 CNN 的 SAR 图像目标检测方法、基于 CNN 的SAR 图像目标识别方法,以及面向 SAR 图像处理的 CNN 频谱特征分析。本书在介绍基本理论的基础上,扩展了基于 CNN 的 SAR 图像解译方法,并针对 CNN"黑盒"特点阐述了频谱特征分析方法,用于明确处理过程所提取特征的物理意义,推动基于 CNN 的 SAR 图像处理方法的实际应用。

本书可作为本科人工智能、智能科学与技术等相关专业的参考书,也可作为 SAR 图像处理、信号与信息处理、通信工程等相关方向科技工作者的入门参考书。

图书在版编目(CIP)数据

基于卷积神经网络的 SAR 图像处理方法 / 郑彤著. -- 西安 :西安电子科技大学出版社,2025.6. -- ISBN 978-7-5606-7628-9

Ⅰ. TN958

中国国家版本馆 CIP 数据核字第 2025PG0922 号

策　　划　薛英英
责任编辑　薛英英
出版发行　西安电子科技大学出版社(西安市太白南路 2 号)
电　　话　(029)88202421　88201467　　　邮　　编　710071
网　　址　www. xduph. com　　电子邮箱　xdupfxb001@163. com
经　　销　新华书店
印刷单位　陕西天意印务有限责任公司
版　　次　2025 年 6 月第 1 版　2025 年 6 月第 1 次印刷
开　　本　787 毫米×960 毫米　1/16　　　印　　张　12.5
字　　数　221 千字
定　　价　40.00 元
ISBN 978-7-5606-7628-9
XDUP 7929001-1

＊＊＊如有印装问题可调换＊＊＊

合成孔径雷达（Synthetic Aperture Radar，SAR）是一种利用雷达技术实现地面成像的系统。它与其他大多数雷达一样，都是通过发射电磁脉冲和接收目标回波之间的时间差测定距离的，其分辨率与脉冲宽度或脉冲持续时间有关，脉宽越窄，分辨率越高。相比光学成像技术，SAR 可以在复杂天气条件下获得高分辨率的地面图像。它利用雷达与目标的相对运动把尺寸较小的真实天线孔径用数据处理的方法合成为一个较大的等效天线孔径，因此也被称为综合孔径雷达。

近年来，随着科技的发展，深度学习技术在语音处理、图像处理和无人驾驶等领域得到了广泛的应用，并且取得了显著的应用效果。深度学习技术之所以得到如此广泛的应用，是因为其能从海量数据中自动提取特征、学习特征和运用特征，全过程无需人为干预。可以看出，深度学习不仅能有效应对海量数据和复杂环境，还能克服传统方法提取特征耗时耗力的缺点。但是，由于 SAR 图像存在固有的相干斑噪声，并且地物目标存在强烈的不稳定性等特点，因此常用的深度学习模型在 SAR 图像处理中表现并不理想。本书针对上述问题，介绍基于卷积神经网络（Convolutional Neural Network，CNN）的 SAR 图像处理方法。

本书共 7 章。第 1 章概括介绍了 SAR 和 SAR 图像处理的基本概念、CNN 以及 CNN 在 SAR 图像处理领域的应用等内容。第 2 章介绍了 SAR 成像机理与 SAR 图像特性，这些知识是后续 SAR 图像处理技术的理论基础。第 3 章围绕 CNN 的基本理论展开详细介绍，具体包括 CNN 的基本组成及训练过程、典型的 CNN 模型、CNN 在目标检测中的应用，以及 CNN 的典型应用案例。第 4 章聚焦基于 CNN 的 SAR 图像斑点噪声抑制方法，具体包括经典 SAR 图像斑点噪声抑制方法以及基于 CNN 的 SAR 图像斑点噪声抑制方法。此外，本章还提供了用于抑噪网络训练的 SAR 图像样本制作方法，可作为面向 SAR 图像斑点噪声抑制的监督学习方法研究的数据集制作范例。第 5 章针对 SAR 图像成像原理所引起的成对回波高频噪声对 SAR 图像目标检测带来的虚警问题进行了方法研究及介绍；在经典 SAR 图像目标检测方法的基础上，进一步介绍了基于两级 CNN 的 SAR 图像目标检测方法，同时在实验过程中验证了该方法对 SAR 图像斑点噪声的适应性。第 6 章针对基于 CNN 的 SAR 图像目标识别方法展开介绍，重点介绍了强斑点噪声影响下基于 CNN 的 SAR 图像目标识别方法。第 7 章针对深度学习模型难以解释的共有问题，介绍了面向 SAR 图像处理的 CNN 频谱特征分析方法，说明其工作过程及特征提取的物理意义。

本书特点如下：

（1）语言简明，可读性强。本书尽可能用通俗的语言深入浅出地进行讲解，方便读者阅读。

（2）内容实用，注重应用。深度学习方法正处于迅速发展的阶段，内容较为庞杂。本书在内容上尽可能贴近基于深度学习的 SAR 图像处理的共有问题和解决方法展开介绍，帮助读者从解决问题的角度理解并应用所介绍的方法。

（3）条理分明，逻辑清晰。本书条理分明，各章之间联系紧密。第 5 章和第 6 章在介绍 SAR 图像目标检测、识别方法时，兼顾了第 4 章的 SAR 图像斑点噪声对 SAR 图像质量的影响，对经典 CNN 模型进行改进，提升模型的适应性。另外，第 7 章介绍了 CNN 频谱特征分析方法及如何将其应用于第 4 章～第 6 章所介绍的模型中。

本书完成之际，作者要感谢北京航空航天大学电子信息工程学院雷鹏副教授，雷教授对本书提出了诸多建设性意见；感谢北京工商大学计算机与人工智能学院对本书出版的大力支持；也衷心感谢西安电子科技大学出版社编辑付出的辛勤劳动。

本书内容虽然经过多次修改，但仍存在不足，欢迎广大读者提出宝贵意见。作者的电子邮箱是 20211206@btbu.edu.cn。

郑　彤

2025 年 1 月

CONTENTS 目 录

第 1 章

绪　论

合成孔径雷达(Synthetic Aperture Radar，SAR)是一种主动式传感器，其通过发射电磁信号和接收散射回波，获得环境的观测信息。SAR 的相干成像机制以及多种极化方式可增加观测信息量。经过多年发展，SAR 的应用已逐步从军事场景扩展到海洋监测、地质勘探等领域。

本章介绍 SAR 及 SAR 图像处理的基本概念、卷积神经网络(Convolutional Neural Network，CNN)概况以及 CNN 在 SAR 图像处理领域的应用。

1.1　SAR 基本概念

SAR 是一种具有距离高分辨和方位高分辨能力的成像雷达。真实孔径的雷达很难获得高的距离和方位分辨率。然而，经过脉冲压缩技术的处理，SAR 可以获得较高的距离分辨率。通过合成孔径的思想，使用波束形成技术合成窄波束，可以获得较高的方位分辨率。这使 SAR 可以获取大面积的高分辨图像，从而有效地提高了机载和星载雷达的分辨率。目前，星载和机载 SAR 的应用非常广泛。在军事方面，SAR 通常用于战场侦察、目标识别、海洋监测等；而在民用方面，其应用主要包括海洋观测、地质勘探、农作物评估、天体观测以及灾情预报等。

1. SAR 的国外研究

"合成孔径"的概念最早是在 20 世纪 50 年代由美国科学家首次提出的，此后关于 SAR 的研究和应用随之展开。1957 年 8 月，美国军方与密歇根大学

(University of Michigan)合作研究的 SAR 实验系统成功地获取了第一幅全聚焦的 SAR 图像。然而，最初的 SAR 图像距离分辨率非常低，如 AN/APD-10型 SAR，在 9000 m 高空获得的地面目标图像分辨率仅为 3 m。随着现代计算机和航天技术的发展，SAR 技术逐步走向成熟，并且从机载 SAR 系统逐渐转向星载 SAR 系统等多种空天工作平台。1978 年 5 月，美国宇航局发射了Seasat-A 卫星，并且在该卫星上首次装载了 SAR 系统。该系统对地球表面 1亿平方千米的面积进行了观测和测绘。这一成果标志着 SAR 已成功地进入空间领域。在美国的军用领域，典型的合成孔径侦察卫星是美国的"长曲棍球"(Lacrosse)军用雷达卫星。该卫星最早是在 1988 年由美国"阿特兰蒂斯"号航天飞机发射升空的，至 2005 年，已先后发射了 5 颗。该卫星带有 SIR-DSAR(航天飞机成像雷达-双合成孔径雷达)，随着雷达技术的发展，该雷达的分辨率从最初的 1 m 已提高到 0.3 m，已经可以探测亚米级大小的目标。另外，其他一些国家和组织同样也就 SAR 进行了大量的研究。1991 年 7 月，欧洲空间局发射了 ERS-1 型卫星；1992 年 2 月，日本发射了 JERS-1 型卫星；1995 年，加拿大发射了 Radarsat 型卫星。

到了 21 世纪，关于 SAR 的研究和应用又有了新的进展。其中，欧洲空间局改进了 ERS 卫星，在 2002 年发射了 Envisat 型卫星；2006 年，日本发射了先进的 L 波段的对地观测卫星(ALOS)；2007 年至 2008 年，意大利又发射了Cosmo-SkyMed 型卫星；德国发射了 TerraSAR-X 型卫星；加拿大发射了Radarsat-2 型卫星等。一些国家及组织，包括日本、俄罗斯、加拿大、欧洲共同体、印度以及美国等，都部署了进一步发射更加先进的 SAR 系统的计划。

2. SAR 的国内研究

我国 SAR 的研制工作于 20 世纪 70 年代中期起步，最早由中科院电子所率先开展研究，并于 1979 年取得进展，成功研制了机载 SAR 样机，获取了第一批雷达图像数据。1987 年，我国完成了"六五"攻关项目"机载多条带多极化SAR"，并成功将其装备在遥感飞机上。1990 年，中科院电子所成功研制了SAR 的机地实时传输系统；1994 年，成功完成了"机载实时成像器"项目。此外，航天部 23 所、25 所和中电 14 所、中电 38 所等在机载侧视 SAR 的研究上也取得了较大的成绩。我国在研究机载 SAR 的同时，也展开了星载 SAR 的研制。星载 SAR 是对地观测的重要手段，20 世纪 90 年代已在世界范围内得到了很大的发展。同时，国内许多高校、研究所也致力于星载 SAR 系统的研究和研制工作，并取得了丰硕的成果。现在，我国的 SAR 成像技术已经从单波段发展到了多波段，从单极化发展到了全极化，测绘带宽从几千米提高到了几十千米，分辨率从十米级水平提高到了米级。2002 年 10 月，我国启动了"环境与灾害监测预报小卫星星座 SAR 雷达卫星"的研制工作，星载 SAR 系统技术同时也取得了很大进展。目前，根据国家的迫切需要和国际上 SAR 技术的发展趋势，我国安排了与 SAR 技术相配套的工程任务，部署了一系列前沿课题和相关应用研究。SAR 技术研究目前已进入实际应用阶段，已在我国资源普查、国土测绘、城市规划、抢险救灾、重点工程选址等领域发挥了重要作用。例如，在汶川大地震的后期，SAR 观测到的地形的实际情况被用于辅助抢险救灾工作。总体来说，我国的 SAR 技术起步较晚，虽进展很快，但目前与其他国家还有一定的技术差距。

1.2　SAR 图像处理的基本概念

　　不同于红外、光学等遥感设备，SAR 系统可以提供全天时、全天候的高分辨地面测绘资料和图像。对于现代侦察任务，这种能力是非常重要的。在恶劣天气下，雷达是一种适应性较强的传感器，而其他探测传感器在这种环境下一般不能有效工作。SAR 可以昼夜工作，而且其电磁波可以有效地穿透烟、雾、尘和其他一些障碍。相比而言，虽然红外传感器也可以在夜间工作，但与其他电光传感器一样，它不能在恶劣严酷的环境下有效地产生清晰的图像。

　　但是，SAR 也有不足之处，其最突出的问题在于 SAR 图像难以被解译。SAR 图像的可读性比较差，人们必须经过训练才能确认 SAR 图像所表现的信息。另外，SAR 图像容易受到相干斑及诸如迎坡缩短等形变的影响，这导致基于 SAR 图像的信息处理非常困难。各国在研究 SAR 传感器的同时也非常重视 SAR 图像的后期处理和解译，几乎伴随着 SAR 成像系统的诞生，英、美等国家就开始进行 SAR 图像自动处理的研究。

　　SAR 的应用大多针对成像结果展开，并且可通过 SAR 图像解译工作提取感兴趣的目标特征，实现目标的正确描述与表达。但是，SAR 图像的解译工作面临许多困难。首先，SAR 图像质量可能影响解译工作的效果。例如，由 SAR 成像机理引起的斑点噪声是影响 SAR 图像质量的主要因素。SAR 图像单一分辨单元的回波是通过对多个散射元回波矢量进行非相干叠加获得的，即使观测平面是匀质的，由于每个分辨单元中多个回波路径存在相位差，叠加结果也会发生随机变化。因此，SAR 图像会受到"粒状"噪声，即斑点噪声的影响，故 SAR 图像的清晰程度不及光学图像。这也增加了后续 SAR 图像解译工作的难度。此外，SAR 成像模糊现象可能导致解译错误。例如，在方位向中，通常更用脉冲重复频率(Pulse Repetition Frequency，PRF)作为方位向采样频率，而PRF 过小可能导致方位模糊，形成鬼影虚假目标，即成对回波高频噪声。

为了获得准确的 SAR 图像解译结果，本书主要关注 SAR 图像目标的检测与识别研究。麻省理工学院(Massachusetts Institute of Technology，MIT)林肯实验室提出的三级 SAR 自动目标识别(Automatic Target Recognition，ATR)流程中就包含了 SAR 目标检测与识别的工作。此外，国防科技大学、西安电子科技大学、中国科学院大学等多个单位都开展了相关的研究工作，并取得了一系列研究成果。

1.3 CNN 概述

CNN 是一类包含卷积计算且具有深度结构的前馈神经网络，专门用来处理具有类似网格结构的数据，例如时间序列数据(在时间轴上有规律地采样形成的一维网格)和图像数据(二维像素网格)。CNN 由多层感知机(Multi-Layer Perceptron，MLP)演变而来，具有局部连接、权值共享、池化等结构特点。

1. 传统神经网络的构成

传统神经网络中的单个神经元由输入、输出、权重、偏置和激活函数构成。对于简单的问题，可以用线性方程来表示单个神经元，根据不同输入的重要性程度为其分配不同的权重；根据不同的处理目的调整偏置。此外，简单的线性加权对于复杂问题具有一定的局限性，故 CNN 中的激活函数多表现为非线性函数的形式，更适用于处理复杂问题。传统神经网络的结构包括三类功能层，即前端输入层、中间隐含层和末端输出层。其中，前端输入层由一个单向量的数据表示；中间隐含层由一系列神经元组成，将前一层的输出转换至另一向量空间，其中的神经元为全连接形式，且各连接独立、不共享；末端输出层则可表示为在分类任务中将输入判别为某一类的概率值，概率值越大，则属于该类的可能性越大。

在处理图像分类任务时，由于输入数据是二维图像，传统神经网络在功能层面临数据维度适应性问题。此外，传统神经网络中各层之间是全连接的，对于输入的高维度数据，为了使传统神经网络能够更好地提取输入图像数据中的特征，其对应的中间层神经元个数较多，这会导致模型整体参数量较大，增加网络的训练负担，并可能引起模型过拟合问题。为解决上述问题，CNN 应运而生。CNN 的局部感知是其最主要的特点。在图像理解任务中，一些重要模式的尺寸通常较小，远小于整幅图像。如果将整幅图像的所有像素都参与神经网络参数的计算，可能引起较多的冗余信息。CNN 使模型仅需要关注整幅图像中关键的局部区域，从而可以更有效地捕捉图像中的局部特征和模式。此外，CNN 的参数共享是另一关键特点。对于两幅图像中内容相近的局部区域，CNN 共享相同的神经元进行感知，而非使用独立的神经元。这种参数共享使网络能够通过同样的神经元学习同类特征，从而减少了神经元的待训练参数。以上 CNN 的特点可极大减小待训练参数的数量，实现缩小人工神经网络规模的目标。

2. 经典卷积神经网络的构成

经典 CNN 主要由三个关键部分组成，即卷积层（Convolutional Layer）、池化层（Pooling Layer）和全连接层（Fully-connected Layer）。当一张图像作为输入传递至卷积层时，卷积层经过局部感知对图像进行多次转换和映射。卷积层负责从输入图像中提取特征，通过使用多个卷积核对图像进行卷积操作，以检测和提取特定的局部特征，如边缘和纹理。池化层之后实现图像的降采样，以降低 CNN 的参数数量。全连接层一般位于 CNN 的后部，负责整合前面各层提取的特征并输出最终的分类结果。在 CNN 的训练过程中，主要需要训练的参数来源于卷积层和全连接层。激活函数和池化层多为选定的函数，不需要进行参数的训练。另外，CNN 中关于架构或者模式的选择参数被称为超参数，例如，卷积层中卷积核的维度、操作的步长，池化层中下采样维度的选择等，这些超参数对网络的性能和泛化能力具有重要影响。

本节以经典的 LeNet 为代表介绍 CNN 模型结构。LeNet 模型是一种经典的 CNN，由 Yann LeCun 等人在 1998 年提出。它是深度学习中第一个成功应用于手写数字识别的 CNN，并且被认为是现代 CNN 的基础。LeNet 模型包含了多个卷积层和池化层以及最后的全连接层。其中，每个卷积层都包含了一个卷积操作和一个非线性激活函数，用于提取输入图像的特征。池化层则用于缩小特征图的尺寸，减少模型参数和计算量。全连接层将特征向量映射到类别概率上，用于分类。该网络结构如图 1-1 所示。

在 LeNet 中，每个卷积层使用 5×5 卷积核和一个 Sigmoid 激活函数。这些层将输入映射到多个二维特征输出，通常同时增加通道的数量。第一个卷积层有 6 个输出通道，而第二个卷积层有 16 个输出通道。每个 2×2 池化操作（步长为 2）通过池化层的空间下采样处理将维数减少为原来的 1/4。卷积的输出形状由批量大小、通道数、高度、宽度决定。LeNet 包含三个全连接层，分别有 120、84 和 10 个输出。输出层的 10 维对应最后输出结果的数量。

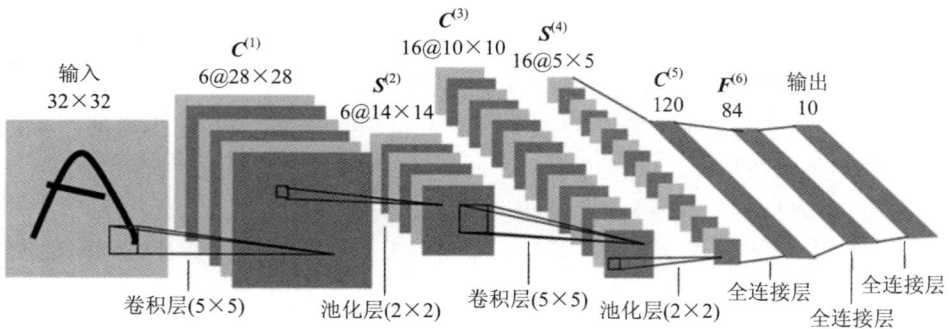

图 1-1 LeNet 模型结构

1.4 CNN 在 SAR 图像处理中的应用

传统 SAR 图像目标检测方法主要通过提取目标与杂波之间的特性差异，实现感兴趣区域（Region of Interesting，ROI）的提取。例如，恒虚警率（Constant False Alarm Rate，CFAR）检测为 SAR 图像目标检测方法的代表，其根据幅度或强度的统计特性差异进行目标与杂波的区分；再例如，视觉注意方法利用二维空间特性的差异实现 SAR 图像目标检测。传统 SAR 图像目标识别方法包括模板匹配法、稀疏表示法等。这些方法均需要对检测处理得到的 ROI 提取目标特征，之后基于特征之间的差异实现目标分类。所以，传统 SAR 图像目标检测及识别方法需要人工设计处理过程，处理效果依赖大量的专业知识及先验信息，可能出现泛化能力较差的问题。

近年来，深度学习在多个领域得到广泛应用。与上述传统方法不同，深度学习方法一般以数据为驱动，根据不同任务进行网络设计与训练，最终实现端到端的处理。因此，测试数据与训练数据越接近，深度学习方法所获得的处理效果就越优。此外，Matthew 等通过可视化实验证明，随着模型深度的增加，所提取的特征从形状、轮廓等逐渐晋升到具有强辨别性的关键特征。由于深度学习方法具备特征的自动提取能力，许多学者将深度学习方法引入 SAR 图像目标检测与识别中。

在深度学习方法中，已有学者将 CNN、堆叠自动编码器（Stacked Auto-Encoder，SAE）、深度置信网络（Deep Belief Network，DBN）、循环神经网络（Recurrent Neural Network，RNN）等应用于 SAR 图像目标检测与识别的研究。其中，CNN 结合了局部感受野、池化、权重共享的思想，不但能够挖掘局部相关特征，保持平移不变性，而且相比于经典深度神经网络（Deep Neural Network，DNN）具有较小的参数规模。因此，本书聚焦基于 CNN 的 SAR 图像目标检测与识别方法的介绍。

1.5 本 章 小 结

本章介绍了 SAR 及 SAR 图像处理的基本概念、CNN 及 CNN 在 SAR 图像处理领域的应用。后续章节将从 CNN 的基本理论以及基于 CNN 的 SAR 图像抑噪、目标检测、目标识别等方面展开介绍。

第 2 章

SAR 成像机理与 SAR 图像特性

本章主要介绍 SAR 成像机理与 SAR 图像特性。这些内容可以为后续 SAR 图像处理提供理论基础。首先，在 SAR 成像机理方面，以典型的机载条带 SAR 系统为例展示 SAR 成像的几何模型以及雷达发射的信号模型，并对 SAR 成像的距离向和方位向分辨率及其影响因素进行介绍，以经典的频域处理方法，即线性变标算法（Chirp Scaling Algorithm，CSA）为例介绍基于匹配滤波理论的 SAR 成像方法；接着对使用几何关系构建观测矩阵的稀疏 SAR 成像方法进行介绍；最后，给出基于逆匹配滤波的稀疏 SAR 成像方法。在 SAR 图像特性部分，本章主要介绍 SAR 图像斑点噪声特性和统计特性，对 SAR 图像固有的斑点噪声的产生原因进行了分析及阐述，还列举了多种用于 SAR 图像统计特性拟合的经典分布模型。

2.1　SAR 成像机理

本节以机载 SAR 成像平台为例，主要介绍 SAR 成像的几何模型和雷达发射信号模型、基于匹配滤波理论的 SAR 成像方法。

2.1.1　SAR 成像的几何模型和雷达发射信号模型

SAR 能够提供距离向和方位向高分辨成像结果，其成像原理为雷达在使用脉冲压缩技术取得距离向高分辨的同时使用波束形成合成窄波束取得方位向高分辨。这两种技术均可通过匹配滤波完成。机载条带 SAR 成像模式的雷达平台与监测区域的几何模型示意如图 2-1 所示。假设载机沿 x 轴正半轴以速度 v 匀速直线飞行，飞行高度为 H，雷达以固定脉冲重复频率在 t_m 时刻发射、接收信号，$u_0(x_0, y_0)$ 为处于雷达波束照射下的点目标，$r_{u_0}(t_m)$ 表示 u_0 在 t_m 时刻到雷达平台的瞬时斜距，r_0 表示 u_0 点到航迹的最短路径，r_{ref} 可表示条形测绘带参考中心到航迹的最短路径。

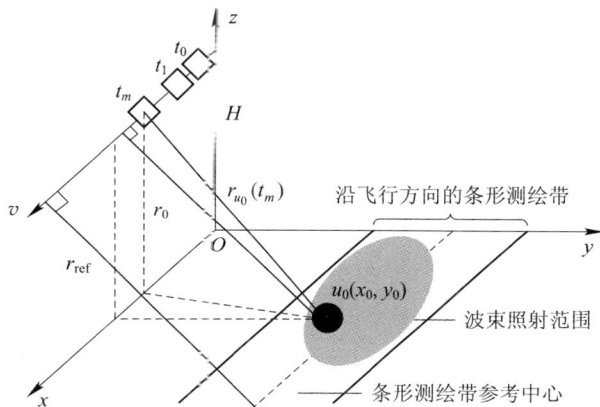

图 2-1　机载条带 SAR 成像模式的雷达平台与监测区域的几何模型示意图

图中，$r_{u_0}(t_m)$ 可表示为

$$r_{u_0}(t_m) = \sqrt{(x_0 - vt_m)^2 + r_0^2} \tag{2-1}$$

为了提升回波的信噪比、增加目标的探测概率，SAR 与常规雷达相同，均采用线性调频（Linear Frequency Modulation，LFM）信号作为发射信号 $s(t, t_m)$，其形式如下：

$$s(t, t_m) = \mathrm{rect}\left(\frac{t}{T_p}\right)\exp(\mathrm{j}2\pi f_c t + \mathrm{j}\pi\gamma t^2) \tag{2-2}$$

其中，t 时刻为对应距离向的快时间，t_m 时刻为对应方位向的慢时间，$\mathrm{rect}(\cdot)$ 为窗函数，T_p 为脉冲宽度，f_c 为载频，$\gamma = B_r/T_p$ 为调频率，B_r 为发射信号带宽。那么雷达发射的信号在经 u_0 点反射后，雷达接收到完成去载频操作的回波信号 $s_1(t, t_m)$ 为

$$s_1(t, t_m) = \sigma_{u_0}\mathrm{rect}\left(\frac{t_m}{T_a}\right)\mathrm{rect}\left(\frac{t - 2r_{u_0}(t_m)/c}{T_p}\right)\exp\left(-\mathrm{j}\frac{4\pi}{\lambda_c}r_{u_0}(t_m)\right)\cdot$$
$$\exp\left[\mathrm{j}\pi\gamma\left(t - \frac{2r_{u_0}(t_m)}{c}\right)^2\right] \tag{2-3}$$

其中，σ_{u_0} 为 u_0 点的后向散射系数，c 为光速，T_a 为合成孔径积累时间，λ_c 为波

长。若将整个监测区域离散为 $N_Q \times N_P$ 个离散点目标，则雷达在 t_m 时刻收到的回波 $s_2(t, t_m)$ 为

$$s_2(t, t_m) = \sum_{i=0}^{N_Q \cdot N_P - 1} \sigma_{u_i} \mathrm{rect}\left(\frac{t_m}{T_a}\right) \mathrm{rect}\left[\frac{t - \dfrac{2r_{u_i}(t_m)}{c}}{T_p}\right] \mathrm{rect}\left(-\mathrm{j}\frac{4\pi}{\lambda_c} r_{u_i}(t_m)\right) \cdot$$

$$\exp\left[\mathrm{j}\pi\gamma\left(\frac{t - 2r_{u_i}(t_m)}{c}\right)^2\right] \tag{2-4}$$

1. 距离向分辨率

距离向分辨率是指两个方位向相同的目标能够被雷达区分出的最小距离，即距离较近的目标回波脉冲的后沿与较远的目标回波脉冲的前沿重合时的距离。若雷达接收到如式(2-4)的回波信号并直接进行目标探测，则其结果中目标的距离分辨率为

$$\delta_r = \frac{cT_p}{2} \tag{2-5}$$

为了提升距离向分辨率，一般使用匹配滤波进行脉冲压缩，减小雷达脉冲的宽度。这里以基带发射信号 $s_b(t)$ 为例进行分析：

$$s_b(t) = \mathrm{rect}\left(\frac{t}{T_p}\right)\exp(\mathrm{j}\pi\gamma t^2) \tag{2-6}$$

根据驻定相位原理，若忽略幅度项，则其频谱可近似为

$$s_b(f) = \mathrm{rect}\left(\frac{f}{B_r}\right)\exp\left(-\mathrm{j}\pi\frac{f^2}{\gamma}\right) \tag{2-7}$$

可设计频域匹配滤波器消除式(2-7)中的非线性相位项，即

$$H_m(f) = \mathrm{rect}\left(\frac{f}{B_r}\right)\exp\left(-\mathrm{j}\pi\frac{f^2}{\gamma}\right) \tag{2-8}$$

经过匹配滤波后的信号频谱为

$$s_m(f) = \mathrm{rect}\left(\frac{f}{B_r}\right) \tag{2-9}$$

再对其进行傅里叶逆变换(Inverse Fourier Transform，IFT)，可得脉冲压缩后的回波信号为

$$s_m(t) = B_r\mathrm{sinc}(B_r t) \tag{2-10}$$

其中，sinc(·)为 sinc 函数。经过匹配滤波后，回波信号变为 sinc 形式，其波形的主瓣宽度 $1/B_r$ 为此时的时域波形分辨率，则对应的距离分辨率为

$$\delta_r = \frac{c}{2B_r} \tag{2-11}$$

显然，SAR 的距离向分辨率仅与带宽参数相关，带宽越大，经匹配滤波后

的脉冲压缩信号主瓣越窄，距离向分辨率越高。

2. 方向位分辨率

方位向分辨率是指距离向相同的两个目标在雷达运动方向能够被区分出的最小距离。实孔径雷达的方位向分辨率取决于天线波束宽度：

$$\theta_a = \frac{\lambda_c}{l_a} \tag{2-12}$$

其中，l_a 表示天线有效长度。雷达波束在距离为 r 处的照射范围为方位向分辨率，可表示为

$$\hat{c}_a = r\theta_a = r\frac{\lambda_c}{l_a} \tag{2-13}$$

根据式(2-13)，若要提高方位向分辨率，必须增大天线有效长度。但是天线的有效长度受空间、功率、工艺等的限制，难以大幅度增加。而合成孔径技术可以在不增加实际天线长度的情况下，依据平台与目标间的相对运动等效合成有效长度更长的虚拟天线，增大雷达孔径。令合成后的天线有效长度为 l_e，则 SAR 方位向分辨率可表示为

$$\begin{cases} \delta_a = r\dfrac{\lambda_c}{2l_e} \\ l_e = T_a v \end{cases} \tag{2-14}$$

显然，SAR 的方位向分辨率与波长、孔径尺寸和目标与雷达距离相关，可通过减小发射信号波长或增大合成孔径的尺寸提升其分辨率。然而，合成后的天线有效长度存在理论最大值，不能无限增加。雷达接收任意目标回波的过程如下：在运动过程中，从波束照射到该目标起，雷达开始接收到该目标的有效回波，直到波束完全离开该目标，雷达不再收到该目标的回波。因此，对于任意目标，合成后天线有效长度的最大值为 $l_e = r\lambda_c/l_a$，故方位向分辨率的上限为

$$\delta_{amax} = \frac{l}{2} \tag{2-15}$$

根据式(2-15)可知，SAR 在方位向的最大分辨率仅与天线实孔径有关，与波长、目标距离无关。实孔径越小，波束照射范围越宽，方位向分辨率越高。

2.1.2　基于匹配滤波的 SAR 成像方法

经过多年的发展，针对常规成像场景的 SAR 成像方法已经形成了成熟的算法体系，主要分为两个方向：时域处理和频域处理。时域处理方法的代表是后向投影算法(Back Projection Algorithm，BPA)和它的改进算法。时域处理方法的特点是原理简单，该类方法根据回波信号对监测区域的目标逐点进行精

确匹配滤波，在平台运动参数已知并且雷达相关参数精确的情况下，可获得监测区域的高精度的成像结果。尽管时域处理方法的设计思路简单，但往往需要耗费极大的计算量，故此类方法难以进行实时处理。而以距离多普勒算法（Range Doppler Algorithm，RDA）、CSA 为代表的频域处理方法均是根据点目标的回波在距离向和方位向的特性设计对应的匹配滤波器得到的，可以实现聚焦并获得成像结果。虽然此类方法使用了大量的近似假设，导致其适用的成像场景受限，但其具有复杂度低、实时性强的特点。

CSA 主要用于目标回波在距离向和方位向存在耦合，需考虑距离徙动空变性的高分辨成像场景。首先，考虑场景中仅有单一目标的情况，再将其推广至多个目标的场景中。该过程处理流程如图 2-2 所示。

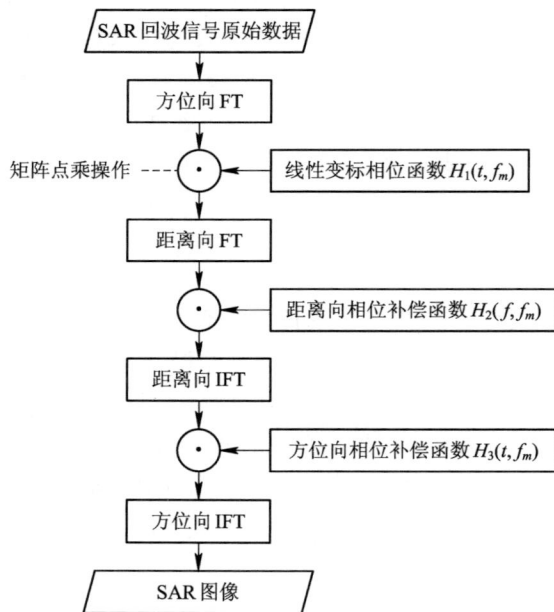

图 2-2　CSA 处理流程图

假设雷达收到如式（2-3）的单一目标回波信号，且其后向散射系数为 1，则回波信号可表示：

$$s_{r_{u_0}}(t, t_0) = \text{rect}\left(\frac{t_m}{T_a}\right)\text{rect}\left(\frac{t - \dfrac{2r_{u_0}(t_m)}{c}}{T_p}\right)\exp\left(-\text{j}\,\frac{4\pi}{\lambda_c}r_{u_0}(t_m)\right) \cdot$$

$$\exp\left[\text{j}\pi\gamma\left(t - \frac{3r_{u_0}(t_m)}{c}\right)\right] \qquad (2-16)$$

为了方便，后续推导中所有出现的常系数分别由 C_1、C_2、C_3、C_4 表示，对式（2-16）的方位向进行傅里叶变换可得

$$s_{r_{u_0}}(t, f_m) = C_1 \mathrm{rect}\left[\frac{1}{T_a}\left(\frac{x_0}{v} - \frac{\lambda_c f_m r_0}{2v^2}\right)\right]\mathrm{rect}\left(t - \frac{2R(f_m; r_0)}{c}\right)\exp\left(-\mathrm{j}\frac{2\pi f_m x_0}{v}\right)\cdot$$

$$\exp\left[\mathrm{j}\pi\gamma(f_m; r_0)\left(t - \frac{3R_{u_0}(f_m; r_0)}{c}\right)^2\right]\cdot\exp\left[-\mathrm{j}\frac{4\pi}{\lambda_c}r_0\beta_v(f_m)\right]$$

$$(2-17)$$

其中，

$$R_{u_0}(f_m; r_0) = \frac{r_0}{\beta_v(f_m)} = r_0(1 + a_v(f_m)) \tag{2-18}$$

$$\frac{1}{\gamma(f_m; r_0)} = \frac{1}{\gamma} - \frac{2\lambda_c r_0(\beta_v(f_m)^2 - 1)}{c^2\beta_v(f_m)^3} \tag{2-19}$$

$$\beta_v(f_n) = \sqrt{1 - \left(\frac{f_m\lambda_c}{2v}\right)^2} \tag{2-20}$$

$$a_v(f_m) = \frac{1}{\beta_v(f_m)} - 1 \tag{2-21}$$

在假设 $\gamma(f_m; r_0) \approx \gamma(f_m; r_{\mathrm{ref}})$ 的前提下，根据线性变标原理和参考中心到航迹的距离 r_{ref} 构建线性变标相位函数 $H_1(t, f_m)$：

$$H_1(t, f_m) = \exp\left[\mathrm{j}\pi\gamma(f_m; r_{\mathrm{ref}})a_v(f_m)\left(t - \frac{2R_{u_0}(f_m; r_0)}{c}\right)^2\right] \tag{2-22}$$

接着，将式（2-22）与式（2-17）相乘，并进行距离向 FT，得到二维频域回波：

$$S_{r_{u_0}}(f, f_m) = C_2 \mathrm{rect}\left[\frac{1}{T_a}\left(\frac{x_0}{v} - \frac{\lambda_c f_m r_0}{2v^2}\right)\right]\mathrm{rect}\left(\frac{f}{\gamma(f_m; r_0)(1 + a_v(f_m))}\right)\cdot$$

$$\exp\left(-\mathrm{j}\frac{2\pi f_m x_0}{v}\right)\cdot\exp\left[-\mathrm{j}\pi\frac{f^2}{\gamma(f_m; r_0)(1 + a_v(f_m))}\right]\cdot$$

$$\exp\left[-\mathrm{j}\frac{4\pi}{c}f(r_0 + r_{\mathrm{ref}}a_v(f_m))\right]\cdot$$

$$\exp\left[-\mathrm{j}\frac{4\pi}{\lambda_c}r_0\beta_v(f_m) - \mathrm{j}\Theta_\Delta(f_m; r_0)\right] \tag{2-23}$$

其中，Θ_Δ 为二维频域相位误差项：

$$\Theta_\Delta(f_m; r_0) = -\frac{4\pi}{c^2}\gamma(f_m; r_0)(1 + a_v(f_m))a_v(f_m)(r_0 - r_{\mathrm{ref}})^2$$

$$(2-24)$$

接着构造距离向相位补偿函数 $H_2(f, f_m)$，并与二维频域回波相乘，再通过距离向 IFT 得到距离向匹配滤波结果：

$$H_2(f, f_m) = \exp\left[j\pi \frac{f^2}{\gamma(f_m; r_0)(1 + a_v(f_m))} + j\frac{4\pi}{c} fr_{ref} a_v(f_m) \right] \quad (2-25)$$

$$S_{r_{u_0}}(t, f_m) = C_3 \operatorname{rect}\left[\frac{1}{T_a} \left(\frac{x_0}{v} - \frac{\lambda_c f_m r_0}{2v^2} \right) \right] \operatorname{sinc}\left[B_r \left(t - \frac{2r_0}{c} \right) \right] \exp\left(-j\frac{2\pi f_m x_0}{v} \right) \cdot$$

$$\exp\left[-j\frac{4\pi}{\lambda_c} r_0 \beta_v(f_m) - j\Theta_\Delta(f_m; r) \right] \quad (2-26)$$

需要注意的是，上式中 sinc 函数使用了近似 $\gamma_r(f_m; r_0)(1 + a_v(f_m)) \approx B_r$。接着构造方位向相位补偿函数 $H_3(t, f_m)$，与式（2-26）相乘后，再进行方位向 IFT 得到方位向匹配滤波结果：

$$H_3(t, f_m) = \exp\left[j\frac{2\pi}{\lambda_c} ct(\beta_v(f_m) - 1) + j\Theta_\Delta(f_m; r_0) \right] \quad (2-27)$$

$$s_{r_{u_0}m}(t, t_m) = C_4 \operatorname{sinc}\left[B_a \left(t_m - \frac{x_0}{v} \right) \right] \operatorname{sinc}\left[B_r \left(t - \frac{2r_0}{c} \right) \right] \exp\left[j\frac{4\pi v x_0}{\lambda_c r_0} t_m \right] \quad (2-28)$$

其中，B_a 为方位向处理带宽：

$$B_a = 2v^2 T_a \lambda_c r_0 \quad (2-29)$$

经过线性变标、相位补偿和二维匹配滤波处理，点目标回波信号式（2-16）被压缩为如式（2-28）所示的距离向和方位向的两个 sinc 函数实现点目标聚焦和成像，其峰值位置可表示点目标所在的空间位置。CSA 对 SAR 回波信号原始数据的处理过程可写为如下函数形式，并将其记为函数 $M(\cdot)$：

$$s_{r_{u_0}m}(t, t_m) = \operatorname{IFT}_{t_m}\{\operatorname{IFT}_t\{\operatorname{FT}_t\{\operatorname{FT}_{t_m}\{s_{r_{u_0}}(t, t_m)\} \odot H_1\} \odot H_2\} \odot H_3\}$$
$$= M(s_{r_{u_0}}(t, t_m)) \quad (2-30)$$

其中，$\operatorname{FT}_t(\cdot)$、$\operatorname{FT}_{t_m}(\cdot)$、$\operatorname{IFT}_t(\cdot)$ 和 $\operatorname{IFT}_{t_m}(\cdot)$ 分别表示距离向 FT、方位向 FT、距离向 IFT 和方位向 IFT，为了方便省略所有补偿函数的变量，$\odot$ 为矩阵元素点乘。由于 $M(\cdot)$ 中所有的操作均为线性操作，因此 CSA 可直接应用于多目标场景，并视为对多个点目标进行单独成像后再进行求和的操作。故对如式（2-4）的多点目标回波信号的 CSA 成像过程可表示为

$$s_{r_{u_m}}(t, t_m) = M(s_{r_u}(t, t_m)) = M\left(\sum_{i=0}^{N_Q \cdot N_P - 1} \sigma_{u_i} s_{r_{u_i}}(t, t_m) \right)$$

$$= \sum_{i=0}^{N_Q N_P - 1} \sigma_{u_i} M(s_{r_{u_i}}(t, t_m))$$

$$= \sum_{i=0}^{N_Q \cdot N_P - 1} \sigma_{u_i} C_4 \operatorname{sinc}\left[B_a \left(t_m - \frac{x_i}{v} \right) \right] \operatorname{sinc}\left[B_r \left(t - \frac{2r_i}{c} \right) \right] \exp\left[j\frac{4\pi v x_i}{\lambda_c r_i} t_m \right]$$

$$(2-31)$$

式(2-31)表明：尽管通过对成像场景的回波数据进行基于匹配滤波的 CSA 处理后，可以获得场景中各个散射点的系数和几何位置，但由于匹配滤波后的回波中有 sinc 函数的存在，导致每一个散射点的能量会同时在方位向和距离向扩散，影响其他的散射点系数的获取。幸运的是，sinc 函数的衰减是非常严重的，其旁瓣对其他散射点系数的影响非常有限。因此通过基于匹配滤波方法得到的结果并不是场景的精确成像，而是一种近似成像。

2.2　SAR 图像特性

2.2.1　SAR 图像斑点噪声

SAR 是一种主动式观测系统，可在较小的分辨单元中根据辐射情况捕获观测信息。在观测过程中，一个分辨单元对应为观测场景内有一定面积的面目标，其内部包含多个散射元。对这些散射元的回波矢量进行非相干叠加可以得到接收到的总回波矢量，该过程可表示为

$$Ae^{j\phi} = \sum_i A_i e^{j\phi_i} \tag{2-32}$$

其中，A_i 和 φ_i 分别对应不同散射分量的幅度和相位。该散射模型的示意如图 2-3 所示。可以看出，单个散射元回波矢量不能完全表现出某一空间分辨单元的观测特性。并且，每个散射路径都会提供关于观测场景的一些基本信息。但是，考虑到每个路径存在明显的相位差异，总回波信号的幅度会产生随机变化。所以，即使待观测的面的目标是分布均匀的，成像结果仍会受到"粒状"噪声的影响，即斑点噪声。

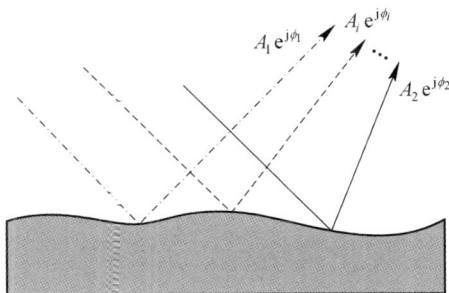

图 2-3　散射模型的示意图

在进行斑点噪声分析时，若满足以下三个条件，则称该噪声为完全发展的相干斑：

（1）分辨单元中每个散射元的幅度与相位分布统计独立；

（2）场景目标足够粗糙，其中的散射元相位服从（$-\pi$, π）范围内的均匀分布；

（3）辐射电磁波的波长远小于 SAR 空间分辨率，即单个分辨单元回波是由多个散射元充分相干的结果。

在完全发展的相干斑假设条件下，根据中心极限定理，合成的雷达回波可表示为一个复信号：

$$A e^{j\phi} = z_1 + j z_2 \tag{2-33}$$

该复信号的实部和虚部分别服从均值为 0、方差为 $\sigma/2$ 的高斯分布，属于独立同分布情况。其联合概率分布函数（Probability Density Function，PDF）可表示为

$$p_{z_1, z_2}(z_1, z_2) = \frac{1}{\pi\sigma} e^{-\frac{z_1^2 + z_2^2}{\sigma}} \tag{2-34}$$

其中，幅度服从瑞利分布，对应的 PDF 为

$$p_A(A) = \frac{2A}{\sigma} e^{-\frac{A^2}{\sigma}} \tag{2-35}$$

进而，强度 $I = A^2$ 服从指数分布，对应的 PDF 为

$$p_I(I) = \frac{I}{\sigma} e^{-\frac{I}{\sigma}} \tag{2-36}$$

在 SAR 系统中，通常对某个观测样本进行 L 次独立测量，然后进行非相干平均处理，得到最终测量结果。为了得到观测强度的 PDF，需对式（2-36）进行 L 次卷积，得到

$$p_{I_L|\sigma}(I_L|\sigma) = \frac{1}{\Gamma(L)} \left(\frac{L}{\sigma}\right)^L I_L^{L-1} e^{-\frac{L I_L}{\sigma}} \tag{2-37}$$

可以看出，观测强度服从形状参数 α 为 L、逆尺度参数 β 为 L/σ 的 Gamma 分布。在完全发展的相干斑模型下，当像素间距与辐射分辨率接近时，SAR 强度数据可建模为乘性形式，即观测强度可表示为

$$I_{\text{unit}} = R_t \cdot u \tag{2-38}$$

其中，R_t 是后向散射特性，u 是和 R_t 不相关的乘性斑点噪声。此外，斑点噪声一般服从均值为 1、方差为 $1/L$ 的 Gamma 分布，即 $\alpha = \beta = L$。将 $\sigma = 1$ 代入式（2-37），可以得到

$$p(u) = \frac{L^L \cdot u^{L-1}}{\Gamma(L)} e^{-Lu} \tag{2-39}$$

根据式(2－39)，图像灰度变化越快的区域，噪声变化也越快。在后续研究中，在确定独立测量次数 L 后，即可根据式(2－39)构建随机斑点噪声仿真数据，作为 SAR 图像斑点噪声抑制方法的研究基础。

为了定量描述斑点噪声抑制效果，本部分对 SAR 图像质量评价指标进行介绍。根据评价角度的差异，可将这些指标细分为两类，即信号级评价指标和图像级评价指标。

信号级评价指标包括反映雷达脉冲响应特性的指标和反映系统分布式散射响应的指标。其中，空间分辨率、衡量最大旁瓣与主瓣峰值之比的峰值旁瓣比(Peak Side Lobe Ratio，PSLR)以及衡量主瓣能量与所有旁瓣能量总和之比的积分旁瓣比(Integrated Side Lobe Ratio，ISLR)等均属于反映雷达脉冲响应的指标。辐射分辨率则反映了系统对分布式散射的响应。

图像级评价指标可根据有无参考图像分为两类。其中，有参考的评价指标用来衡量 SAR 图像与真值之间的差异，二者越接近，则说明图像质量越优。该类指标主要包括均方误差(Mean Square Error，MSE)、信噪比(Signal-to-Noise Ratio，SNR)、峰值信噪比(Peak Signal-to-Noise Ratio，PSNR)、结构相似性评价(Measure of Structural Similarity，SSIM)等。这些指标均用于定量衡量抑噪后图像与无噪声影响的参考图像之间的差异。

(1) 均方误差 MSE。MSE 直接反映待评价图像与参考图像之间的差异，其定义为

$$MSE = E\left[(f_- - f)^2\right] \tag{2-40}$$

其中，f_- 为抑噪后图像，f 为参考图像，$E[\cdot]$ 为均值。可以看出，MSE 的值越大，表示待评价图像与参考图像之间的差异越大，对应噪声抑制效果越差。

(2) 信噪比 SNR。SNR 是在 MSE 基础上提出的指标，其定义为

$$SNR = 10 \cdot \log\left[\frac{var(f)}{MSE}\right] \tag{2-41}$$

其中，var 为取方差操作。

可以看出，当待评价图像与参考图像之间的差异固定时，参考图像方差越小，图像越平滑，则对应的待评价图像的 SNR 值越小，斑点噪声抑制效果越差。该指标在 MSE 的基础上考虑了参考图像的平滑程度。

(3) 峰值信噪比 PSNR。PSNR 是图像质量评价最常用的指标，其同样是在 MSE 基础上提出的指标，其定义为

$$PSNR = 10 \cdot \log\left[\frac{f_{peak}^2}{MSE}\right] \tag{2-42}$$

其中，f_{peak} 为参考图像峰值。可以看出，当待评价图像与参考图像之间差异固定时，参考图像峰值越大，则对应的待评价图像的 PSNR 值越大。该指标在

MSE 基础上考虑了参考图像的峰值。

（4）结构相似性评价 SSIM。SSIM 反映待评价图像与参考图像在图像亮度、对比度相同的情况下，像素的局部形态差异情况，即对图像的结构相似度进行量化评价，其定义为

$$\text{SSIM} = \frac{(2\mu_f\mu_{f_-} + C_1)(2\sigma_{ff_-} + C_2)}{(\mu_f^2 + \mu_{f_-}^2 + C_1)(\sigma_f^2 + \sigma_{f_-}^2 + C_2)} \tag{2-43}$$

其中，μ_f、μ_{f_-} 分别为参考图像 f 和噪声抑制后图像 f_- 的幅度均值，σ_f^2、$\sigma_{f_-}^2$ 分别为 f 和 f_- 的幅度方差，σ_{ff_-} 为 f 和 f_- 的协方差，C_1、C_2 为常数。上述参数的定义式分别为

$$\left.\begin{array}{c} \mu_f = \dfrac{1}{MN}\displaystyle\sum_{m=1}^{M}\sum_{n=1}^{N} f(m, n) \\[3mm] \widehat{\mu_f} = \dfrac{1}{MN}\displaystyle\sum_{m=1}^{M}\sum_{n=1}^{N} f_-(m, n) \\[3mm] \sigma_f^2 = \dfrac{1}{MN-1}\displaystyle\sum_{m=1}^{M}\sum_{n=1}^{N} [f(m, n) - \mu_f]^2 \\[3mm] \sigma_{f_-}^2 = \dfrac{1}{MN-1}\displaystyle\sum_{m=1}^{M}\sum_{n=1}^{N} [f_-(m, n) - \mu_{f_-}]^2 \\[3mm] \sigma_{ff_-} = \dfrac{1}{MN-1}\displaystyle\sum_{m=1}^{M}\sum_{n=1}^{N} [f(m, n) - \mu_f] \cdot [f_-(m, n) - \mu_{f_-}] \\[3mm] C_1 = k_1 \cdot \text{Range} \\[2mm] C_2 = k_2 \cdot \text{Range} \end{array}\right\} \tag{2-44}$$

其中，k_1 和 k_2 为常数，一般设为 0.01 和 0.03。此外，Range 为图像各像素幅值的动态范围。

将上述指标中的待评价图像替换为斑点噪声抑制处理后的图像，即可定量描述斑点噪声抑制效果。但是，在实际场景下，由无斑点噪声影响的 SAR 图像或高质量成像结果所代表的参考图像难以获得。因此，进行无参考的图像客观评价显得至关重要。典型无参考的指标为等效视数（Equivalent Number of Look，ENL）。需要注意的是，ENL 与雷达系统成像过程中的多视次数并无严格对应关系。此外，相对偏差 $|B|$ 也可对斑点噪声估计情况进行评价。

（1）等效视数 ENL。ENL 通常用来评价匀质区域内的斑点噪声抑制程度，其定义为

$$\text{ENL} = \frac{E^2[f_-]}{\text{var}[f_-]} \tag{2-45}$$

由式(2-45)可以看出，ENL 值越大，相应匀质区域内的斑点噪声水平越弱，斑点噪声抑制处理后的图像质量越优。在 SAR 目标图像中，只有当目标区域与杂波背景区域差别较小时，图像才更加接近匀质情况，且其对应 ENL 值更大。但是，在该情况下，目标的显著性较弱，并不利于目标的检测与识别处理。可见，ENL 指标并不适用于评价 SAR 目标图像。

（2）相对偏差$|B|$。相对偏差$|B|$通过对比处理前、后的图像来表现斑点噪声抑制处理性能，其定义为

$$|B| = \left| E\left[\frac{f_-}{\bar{f}} - 1 \right] \right| \qquad (2-46)$$

其中，$\bar{f}$ 为斑点噪声抑制处理前图像。研究表明：当斑点噪声服从均值为 1 的 Gamma 分布时，$|B|$ 的取值接近 0，则对斑点噪声的估计更接近无偏估计，即噪声抑制的效果较好。

2.2.2　SAR 图像统计特性

SAR 图像的强度值、分辨单元的反射强度期望与斑点噪声之间存在错综复杂的非线性关系。2.2.1 节也提到，SAR 图像具有与斑点噪声类似的统计特性，多数学者提出用 Gamma 分布、K 分布、瑞利分布、威布尔分布等不同的分布模型来描述 SAR 图像的统计特性。下面介绍几种常见的用于 SAR 图像分布拟合的模型。

1. Gamma 分布

在相同的场景下，图像的方差主要由散射稀疏 σ_0 和斑点噪声共同决定，用 $T(x, y)$ 表示图像的纹理，$F(x, y)$ 表示斑点噪声。以上二者会影响 SAR 图像的纹理，L 视的 SAR 幅度图像 Gamma 分布的概率密度函数表示为

$$p(x) = \frac{2x^{2L-1}L^L}{p_s^L \Gamma(L)} \exp\left(-\frac{L}{p_s} x^2 \right) \qquad (2-47)$$

其中，L 表示等效视数，p_s 表示回波的平均功率。

2. K 分布

对于高分辨率的海面 SAR 图像，常会通过 K 分布来拟合海杂波，其概率密度函数可表示为

$$p(x) = \frac{2}{b\Gamma(v)} \left(\frac{x}{b} \right)^{\frac{v}{2}} K_{v-1}\left(2\sqrt{\frac{x}{b}} \right), \quad (x > 0, \ v > 0, \ b > 0) \qquad (2-48)$$

其中，b 表示尺度参数，$K_v(\cdot)$ 表示第二类修正 Bessel 函数，v 表示形状参数。其期望和方差分别为

$$E(x) = \frac{b\Gamma(v+1/2)\Gamma(3/2)}{\Gamma(v)} \tag{2-49}$$

$$\text{var}(x) = b^2 \left[v - \frac{\Gamma^2(v+1/2)\Gamma^2(3/2)}{\Gamma^2(v)} \right] \tag{2-50}$$

3. 瑞利分布

回波信号可以分为同相分量以及正交分量，如果两个分量均服从正态分布，均值为负值，那么回波的幅度将服从瑞利分布，它的概率密度函数可以表示为

$$p(x) = \begin{cases} \dfrac{x}{\sigma^2} \exp\left(\dfrac{-x^2}{2\sigma^2}\right), & x > 0 \\ 0, & \text{其他} \end{cases} \tag{2-51}$$

其中，σ 是瑞利参数，瑞利分布的期望与方差分别可表示为

$$E(x) = \sqrt{\frac{\pi}{2}}\sigma \tag{2-52}$$

$$\text{var}(x) = \frac{4-\pi}{2}\sigma^2 \tag{2-53}$$

4. 威布尔分布

在入射角度较低的高分辨率 SAR 图像中，使用威布尔分布来描述 SAR 图像更合适。威布尔分布的概率密度函数可表示为

$$p(x) = \frac{c}{b}\left(\frac{x}{b}\right)^{c-1} \exp\left[-\left(\frac{x}{b}\right)^c\right], \ (x>0, b>0, c>0) \tag{2-54}$$

其中，b 表示尺度参数，c 表示形状参数。其期望与方差可表示为

$$E(x) = b\Gamma(1+c^{-1}) \tag{2-55}$$

$$\text{var}(x) = b^2 \left[\Gamma(1+2c^{-1}) - \Gamma^2(1+2c^{-1})\right] \tag{2-56}$$

5. lognormal（对数正态）分布

当 SAR 图像中有多个散射体，但只有一个主要目标时，采用 lognormal 分布来描述 SAR 图像更合适。其概率密度函数可表示为

$$p(x) = \frac{1}{x\sigma\sqrt{2\pi}} \exp\left(\frac{-(\ln(x)-\mu)^2}{2\sigma^2}\right) \tag{2-57}$$

其中，μ 表示尺度参数，σ 表示形状参数。其期望和方差可以表示为

$$E(x) = e^{\mu+\frac{\sigma^2}{2}} \tag{2-58}$$

$$\text{var}(x) = e^{2(\mu+\sigma^2)} - e^{2\mu+\sigma^2} \tag{2-59}$$

图 2-4 画出了以上五种分布模型的概率密度曲线。

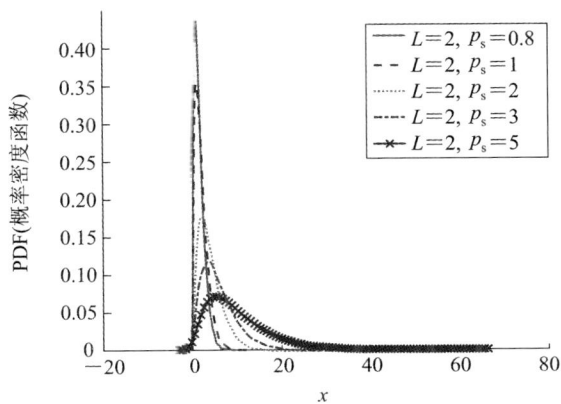

(a) Gamma 分布

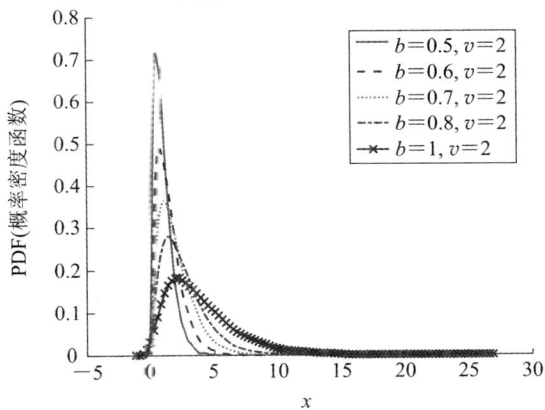

(b) K 分布

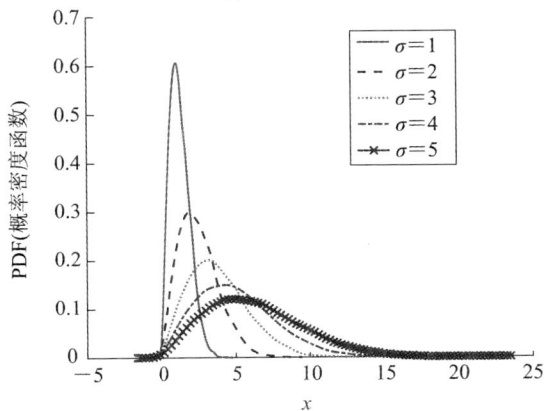

(c) 瑞利分布

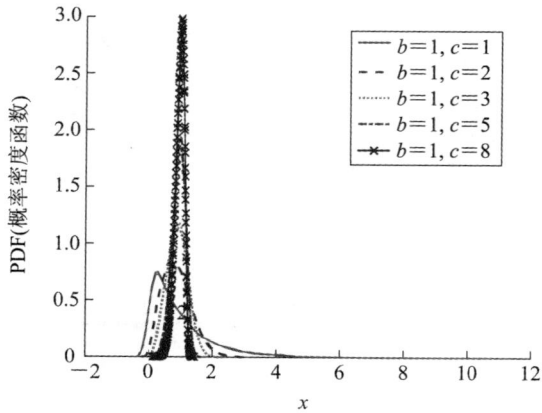

(d) 威布尔分布

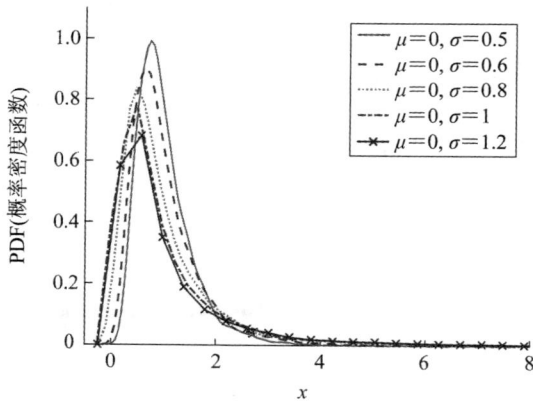

(e) lognormal 分布

图 2-4　散射模型示意图

　　分别对图 2-5 所示的 SAR 图像进行不同分布的拟合，并运用 CV 距离来衡量拟合的相似度。两分布越相似时，CV 距离值越小，其主要是通过计算理论统计分布的累计分布函数（Cumulative Distribution Function，CDF）和经验分布函数（Empirical Cumulative Distribution Function，ECDF）的差的积分得到的。

　　设有 m 个服从同一分布的随机变量 $\{X_1, X_2, X_3, \cdots, X_m\}$，CV 距离 d_{CV} 的计算公式如下：

$$d_{CV}^2 = m \int_{-\infty}^{+\infty} \left| F_X(x) - \hat{F}_x(x) \right|^2 \mathrm{d}F_X(x) \qquad (2-60)$$

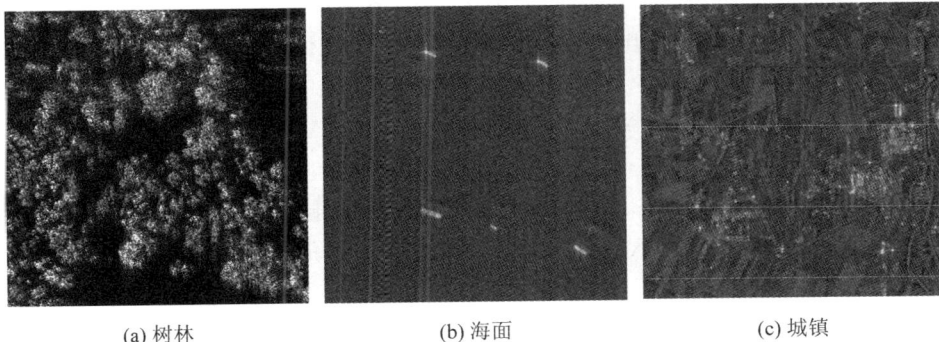

| (a) 树林 | (b) 海面 | (c) 城镇 |

图 2-5　不同场景的 SAR 图像

离散计算公式如下：

$$d_{CV}^2 = \frac{1}{12m} + \sum_{i=1}^{m} \left| F_X(X_i) - \frac{2i-1}{2m} \right|^2 \tag{2-61}$$

其中，X_i 为第 i 个随机变量，$F_X(\cdot)$ 是理论分布模型的 CDF，$\hat{F}_X(\cdot)$ 为实验样本的 CDF。可以通过 d_{CV} 来判断某个模型是否能够较好地拟合样本。以上述五种统计特性来拟合图 2-5 所示的三幅 SAR 图像，所得到的 CV 距离分别如表 2-1 所示。

表 2-1　不同场景 SAR 图像拟合后的 CV 距离值

场景	Gamma 分布拟合后的 CV 距离值	K 分布拟合后的 CV 距离值	瑞利分布拟合后的 CV 距离值	威布尔分布拟合后的 CV 距离值	lognormal 分布拟合后的 CV 距离值
树林	41.24	28.22	281.21	18.66	51.38
海面	35.71	10.74	130.26	3.8767	113.57
城镇	99.66	70.52	322.96	51.54	62.04

从表 2-1 可以看出，相较于其他分布模型，威布尔分布在这三种场景具有较好的拟合效果。

2.3　本 章 小 结

本章主要介绍了 SAR 成象机理以及 SAR 图像特性两部分内容。首先，在

SAR 成像机理部分，以典型的机载条带 SAR 系统为例给出了 SAR 成像的几何模型以及 SAR 系统使用的信号模型并对 SAR 成像的距离向和方位向分辨率及其影响因素进行介绍，展示了基于匹配滤波理论的 SAR 成像方法，给出基于逆匹配滤波的稀疏 SAR 成像方法。之后，在 SAR 图像特性部分，分别介绍了 SAR 图像的斑点噪声以及 SAR 图像的统计特性。对于斑点噪声，本章展示了斑点噪声的产生原理，并给出了多个质量评价指标用来评价 SAR 图像质量，其也可以作为后续 SAR 图像抑噪效果的定量评价指标。在 SAR 图像统计特性方面，本章列举了 Gamma 分布、K 分布、瑞利分布、威布尔分布、lognormal 分布这五种经典 SAR 图像拟合分布的概率密度函数、均值、方差情况，并以实际 SAR 图像为例进行了上述分布的拟合实验。

第 3 章

CNN 的基本理论

传统的机器学习具有优异的特征学习能力，但在处理未加工数据时，需要设计一个特征提取器，把原始数据（如图像的像素值）转换成一个适当的内部特征表示或特征向量。深度学习是一种特征学习方法，把原始数据通过一些简单的、非线性的模型转变成为更高层次的、更加抽象的表达。通过足够多的转换的组合，非常复杂的函数也可以被学习。深度学习的实质是通过构建具有多隐层的机器学习模型和海量的训练数据，来学习更有用的特征，从而提升分类或预测值的准确性。

2006 年 7 月，加拿大多伦多大学教授 Geoffrey Hinton 和他的学生 Ruslan Salakhutdinov 在 Science 上发表文章，提出深度学习（Deep Learning，DL），通过无监督学习实现"逐层初始化"（Layer-wise pre-training），有效克服了深度神经网络在训练上的难度，掀起了深度学习的浪潮。与人工规则构造特征的方法相比，深度学习利用大数据来学习特征，更能够刻画数据的丰富内在信息。深度学习具有较多层的隐层节点，通过逐层特征变换，将样本在原空间的特征表示变换到一个新特征空间，从而使分类或预测更加容易。

如今，深度学习模型已被广泛应用于各个领域以完成特定的目标任务。例如，在计算机视觉领域，CNN 起初被用于手写字符图像的识别，随后又被广泛应用于目标检测、人脸检测、目标跟踪、人脸识别、视频分类、边缘检测、图像分割等，更深层次的 AlexNet 也被用于完成图像分类的任务。除此之外，CNN 也被用于解决语音识别问题，例如解决机器翻译、文本分类等问题。本章主要针对 CNN 的基本组成、训练过程典型模型以及应用情况进行介绍。

3.1 CNN 的基本组成及训练过程

20 世纪 60 年代，Hubel 和 Wiese 研究猫脑皮层，发现用于局部敏感和方向选择的神经元具有独特的网络结构，该结构可以降低反馈神经网络的复杂性。针对此研究，他们提出了 CNN。近些年，因 CNN 具有避免图像的复杂前期预处理的优势，该网络被广泛应用于图像的模式分类领域。CNN 在 SAR 目标识别中被广泛应用并逐渐成为识别精度高、效率高的先进技术。CNN 的名称取自其独特的网络结构卷积运算层。卷积层对于图像中的特征较为敏感，层层堆叠的卷积层将各个网络层中提取的组合特征进行再次提取，以获得图像中的关键信息，达到人类视觉的结构效果。CNN 在图像分类识别技术中的效果较为突出，具有优秀的模型拟合能力。针对 CNN 的研究对 SAR 目标识别具有极高的学术价值和应用价值。

3.1.1 CNN 的基本组成

CNN 的基本组成如图 3-1 所示，一般包括卷积层、池化层、全连接层、激活函数等部分。

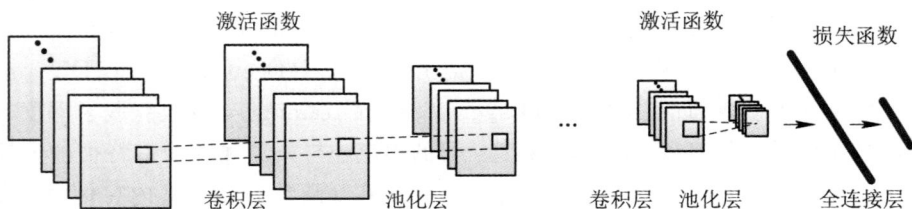

图 3-1 CNN 结构示意图

1. 卷积层

卷积层是占据 CNN 核心位置的关键层，具有特征提取的功能。在图像处理中，卷积是一种常用的操作方式，其可应用于图像的边缘检测、增强、去噪等。为了提取不同的特征，每层卷积层含有多个卷积核，卷积核的通道数与输入图像的通道数相适配。而卷积核又可以被视为一种过滤器，其大小反映了一次卷积运算对输入图像的操作范围，即感受野。一般，小卷积核用于提取局部细节信息，大卷积核用于提取全局抽象信息。在卷积运算中，每层卷积层通过将卷积核即参数块从上至下、从左至右进行滑动，然后将卷积核与它在输入图像上覆盖的对应元素相乘后求和，以产生输出特征。二维卷积运算的实施过程如图 3-2 所示。

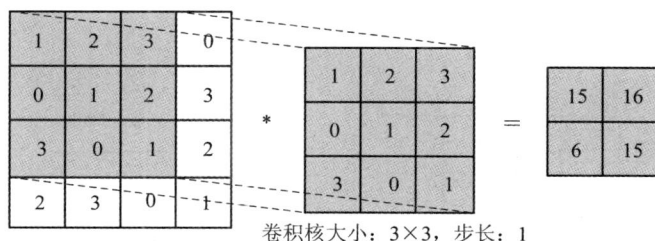

卷积核大小：3×3，步长：1

图 3-2 二维卷积运算的示意图

假如输入图像为 X，卷积核是一个大小为 $s×s$ 的矩阵 $\boldsymbol{K}$，则经过卷积计算后，输出特征 (i,j) 处的元素值为

$$\sum_{p=1}^{s}\sum_{q=1}^{s} k_{p,q}^{(l)} \cdot x_{i+p-1,\,j+q-1}^{(l-1)} \tag{3-1}$$

为了保证非线性，一般将卷积核作用于输入图像的输出表示为

$$x_{ij}^{(l)} = f\left[\sum_{p=1}^{s}\sum_{q=1}^{s} k_{p,q}^{(l)} \cdot x_{i+p-1}^{(l-1)} + b^{(l)}\right] \tag{3-2}$$

其中，i,j 表示输出特征的元素索引，k 为卷积核中的元素，b 表示偏置项，$f(\cdot)$ 代表激活函数，l 为卷积层数。

为了让卷积核与输入图像适配且便于对输入图像边缘滤波，一般在卷积操作之前要先对原始图像进行扩充（Padding），如在其周围补 0。假设原始图像的行、列数分别为 M、N，则经过卷积后特征图的行、列数分别为

$$M' = \frac{M+2P-B}{S} + 1 \tag{3-3}$$

$$N' = \frac{N+2P-B}{S} + 1 \tag{3-4}$$

其中，B 表示此时的卷积核大小，P 表示填充 0 的圈数，S 为滑动步长。

2. 池化层

尽管卷积层可以实现对输入图像的降维和特征提取，但经过卷积层后的输出特征仍具有较高的维数，易导致过拟合现象的发生。因此，为了在降低网络过拟合程度、减少网络训练参数的同时保留显著特征，就需要对经过卷积运算后的特征进行池化（Pooling）操作，也可称为下采样。池化层的实现是将经过卷积层后的特征进行分块，每一块用一个值去替代，如对每一小块取最大值或取

平均值，图 3-3 为池化操作示意图。根据作用块的大小，又可以将池化操作分为全局池化和局部池化。池化操作不但降低了图像尺寸，而且在一定程度上也实现了平移不变性和旋转不变性。

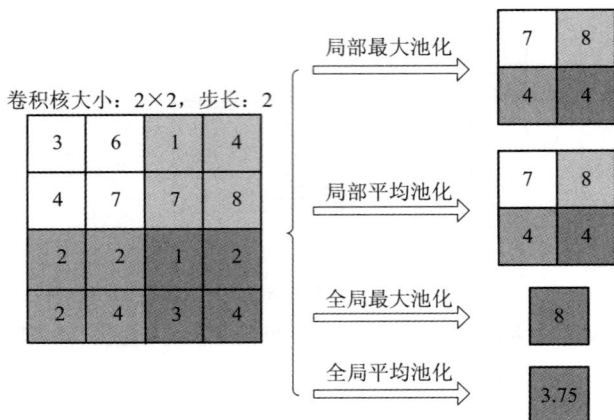

图 3-3　池化操作示意图

3. 全连接层

全连接层主要是将经过卷积层后的输出特征重排成一维向量，便于将其输入到分类器中进行分类。通常把全连接层分为输入层、隐含层以及输出层。一般地，可在全连接层中引入 Dropout 正则化方法以防止模型过拟合。在全连接层中，每层神经元可实现与前一层神经元的逐一连接，其中输入层含有的神经元个数取决于输入特征的数量，而输出层含有的神经元个数取决于标签类别数。隐含层是将上一层输入向量进行加权求和然后加上偏置项，并通过激活函数，经过这些操作后得到最终的输出向量为

$$f(\boldsymbol{W}^{(l)}\boldsymbol{x}^{(l-1)} + \boldsymbol{b}^{(l)})$$

其中，$\boldsymbol{x}^{(l-1)}$ 为 $l-1$ 层的输出向量，同时也是第 l 层的输入向量，维度为 n；若第 l 层的输出向量维度为 m，则 $\boldsymbol{W}^{(l)}$ 为 $m \times n$ 的权重矩阵，$\boldsymbol{b}^{(l)}$ 为 m 维的偏置向量。

4. 激活函数

激活函数对神经网络的性能同样起着至关重要的作用，缺少激活函数的神经网络往往只能处理一些线性可分问题。激活函数常被用于卷积层和全连接层，其主要作用是增强神经网络的非线性建模能力，同时将输入数据压缩在一定范围内。另外，因为在网络训练过程中需要计算激活函数的导数，所以在选

择激活函数时要求函数具有几乎处处可导的特性。常用于神经网络的激活函数
有 Sigmoid、Tanh 和 ReLU 函数，它们的定义式分别为

$$\text{Sigmoid}(x) = \frac{1}{1 + e^{-x}} \qquad (3-5)$$

$$\text{Tanh}(x) = \frac{1 - e^{-2x}}{1 + e^{-2x}} \qquad (3-6)$$

$$\text{ReLU}(x) = \max(0, x) \qquad (3-7)$$

其中，x 为待处理特征图的每个象素点幅值。三种函数中，Sigmoid 和 Tanh 函
数都是单调递增函数，即不影响输入值的相对大小关系。神经网络中的万有逼
近定理是通过利用 Sigmoid 函数逼近阶跃函数，即阶跃函数可分解为若干简单
S 型函数的线性组合，进而以任意精度逼近给定的复杂函数。具体地，阶跃函
数一般形式为

$$h_a(x) = \begin{cases} 1, & x \geqslant a \\ 0, & x < a \end{cases} \qquad (3-8)$$

其中，$a \in \mathbb{R}$ 为参数，称 $h_a(x)$ 为在 a 处跳跃的阶跃函数。

　　万有逼近定理为：设 $f(x)$ 为 Sigmoid 函数，$h_a(x)$ 为在 a 处跳跃的阶跃函
数，则函数序列 $\{S_n(x; a)\}$ 形如：

$$S_n(x; a) = f(n(x-a)) = \frac{1}{1 + e^{-n(x-a)}} \qquad (3-9)$$

则对于任意 $\varepsilon > 0$，存在 $N > 0$，使得只要 $n > N$，便有

$$S_n(x; a) = f(n(x-a)) = \frac{1}{1 + e^{-n(x-a)}} \qquad (3-10)$$

　　令式（3-10）中的 $a = 2$，再分别令 $n = 1$、$n = 3$、$n = 5$、$n = 10$，观察
$S_n(x; a)$ 与 $h_a(x)$ 之间的差距。如图 3-4 所示，随着 n 值逐渐增加，拟合效果
越好。CNN 中对特征图进行 Sigmoid 处理，即可理解为对特征图进行近似阶
跃处理，并使输出特征图归一化到 $[0, 1]$。此外，Tanh 函数可由 Sigmoid 函数
推导得到，因此，Tanh 函数的作用与 Sigmoid 函数相似，均为对阶跃函数的近
似处理。

　　ReLU 函数可以克服 Sigmoid 激活的梯度消失问题。当系统满足一定假设
条件时，系统中非线性环节在正弦信号作用下的输出可用一次谐波分量来近
似，由此导出非线性环节的近似等效频率特性，即描述函数。这时非线性系统
就近似等效为一个线性系统，并可运用线性系统理论中的频率生成方法对系统
进行频域分析。非线性环节 N 的输入和输出中的基波之比称为 N 的描述函
数，用它来代表 N 的特性。经推导，ReLU 激活的描述函数为：$N = 1/2$，表示

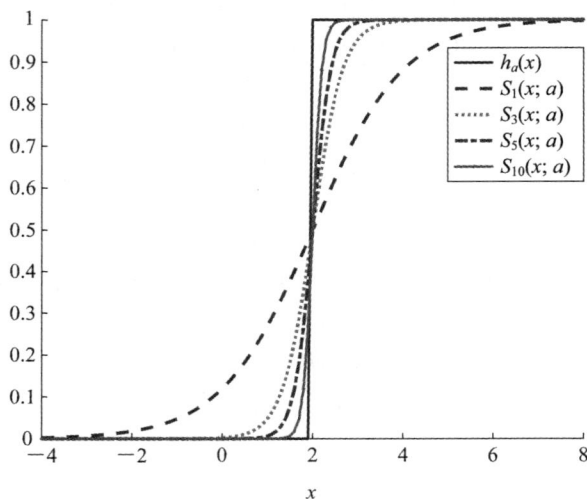

图 3-4 Sigmoid 函数拟合阶跃函数效果

当给 ReLU 激活函数输入正弦信号时，其输出基波也是一个同频率的正弦量，而其幅度和相位变为输入信号的 1/2。

5. 损失函数

神经网络训练的本质过程就是损失函数的优化过程。因此，损失函数的选择是网络模型实现特定任务的关键。所谓损失函数就是描述网络预测值与实际值之间差异的函数。损失值越小，表明网络和参数越符合训练样本。通常为了防止过拟合现象的发生，可在损失函数后面添加正则化项。常用于网络约束的损失函数有交叉熵（Cross Entropy, CE）损失与均方误差（MSE）损失，分别被用于解决分类与回归问题。分类问题可进一步分为多目标分类和单目标分类，而交叉熵损失用于解决分类问题时可衡量两概率分布的距离。回归问题则是根据输入值预测任意实数，预测值和实际值之间的距离可用欧氏距离表示，所以通常采用 MSE 损失函数。此外，常用的损失函数还有对比损失、合页损失、0-1 损失（zero-one loss）等。交叉熵的计算公式为

$$H(p, q) = -\sum_x p(x)\log p(x) \tag{3-11}$$

其中，p 是实际的概率分布，q 是预测的概率分布。均方误差的计算公式为

$$\text{MSE} = \frac{\sum_{i=1}^{n}(y_i - y_i')^2}{n} \tag{3-12}$$

其中，n 是样本个数，y_i 是实际值，y_i' 是预测值。

3.1.2　CNN 的训练过程

CNN 所包含的训练过程一般有正向和反向两个传播过程。正向传播是从输入数据开始，依次经过网络中的每一层，最后产生输出数据的过程。3.1.1 节详细讲述了卷积、池化、全连接层的正向传播计算方法。反向传播则是根据误差项的值计算损失函数对偏置项、权重矩阵的梯度，从而实现网络参数更新的过程。反向传播可以采用单个样本、部分样本和所有样本取平均这三种模式进行训练。为了获取每一层的权重矩阵、偏置项以及卷积核等参数，下面将对全连接、卷积和池化层的反向传播过程进行逐一推导。

1. 全连接层的反向传播过程

首先对全连接层的反向传播过程进行推导。假设全连接层的映射函数为

$$z = h(x) \tag{3-13}$$

则单个样本的预测输出 $h(x)$ 与样本标签值 y 的均方误差为

$$L = \frac{1}{2} \parallel h(x) - y \parallel^2 \tag{3-14}$$

其中，L 表示均方差损失函数，另外还有交叉熵损失函数、对比损失函数等。反向传播是在训练集上最小化预测误差来实现权重矩阵和偏置向量的更新学习。为了求取模型的最优解，采用了梯度下降法。此外，还可以采用牛顿法等。一般情况下，可用 $N(0, \sigma^2)$ 正态分布产生的随机数对权重矩阵和偏置向量进行初始化。假设全连接共有 n 层，第 l 层的神经元个数为 s_l，则第 l 层的输出为

$$u^{(l)} = W^{(l)} x^{(l-1)} + b^{(l)} \tag{3-15}$$

$$x^{(l)} = f(u^{(l)}) \tag{3-16}$$

其中，$W^{(l)}$ 为 $s_l \times s_{l-1}$ 的矩阵，$b^{(l)}$ 为 s_l 维的向量。由此，可以推导出损失函数对第 l 层权重矩阵的梯度，以及损失函数对第 l 层偏置向量的梯度分别为

$$\nabla_{W^{(l)}} L = (\nabla_{u^{(l)}} L)(x^{(l-1)})^{\mathrm{T}} \tag{3-17}$$

$$\nabla_{b^{(l)}} L = \nabla_{u^{(l)}} L \tag{3-18}$$

对 $\nabla_{u^{(l)}} L$ 的估计分为两种情况：隐藏层和输出层。隐藏层的 $\nabla_{u^{(l)}} L$ 需要递推到输出层才能计算出来。则损失函数对 $u^{(l)}$ 的梯度为

$$\delta^{(l)} = \nabla_{u^{(l)}} L = \begin{cases} (x^{(l)} - y) \odot f(u^{(l)}), & l = n_1 \\ (W^{(l+1)})^{\mathrm{T}} (\delta^{(l+1)}) \odot f'(u^{(l)}), & l \neq n_1 \end{cases} \tag{3-19}$$

其中，$\odot$ 代表对应元素的乘积。

因此，先计算出输出层的误差，然后根据该误差计算出输出层权重矩阵和

偏置向量的梯度，再由式(3-19)逐层递推计算出每一层权重矩阵和偏置向量的梯度，最后将梯度和学习率 η 用于迭代更新权重矩阵和偏置向量：

$$\boldsymbol{W}^{(l)} = \boldsymbol{W}^{(l)} - \eta \nabla_{\boldsymbol{W}^{(l)}} L \tag{3-20}$$

$$\boldsymbol{b}^{(l)} = \boldsymbol{b}^{(l)} - \eta \nabla_{b^{(l)}} L \tag{3-21}$$

其中，学习率 η 通常为一个较小的数。综上所述，单个样本全连接层反向传播的总体流程如下：

（1）初始化权重矩阵和偏置向量，正向传播计算每一层输入样本的输出映射；

（2）对输出层计算误差，并计算输出层损失函数对权重矩阵以及偏置向量的梯度；

（3）通过递推关系计算出隐藏层损失函数对权重矩阵和偏置向量的梯度；

（4）根据梯度更新权重矩阵和偏置向量。

2. 卷积层的反向传播过程

卷积层的反向传播可推导如下。由卷积层正向传播的输出可以推导出，卷积层中损失函数对卷积核每个元素的偏导数可表示为

$$
\begin{aligned}
\frac{\partial L}{\partial k_{pq}^{(l)}} &= \sum_i \sum_j \left(\frac{\partial L}{\partial x_{ij}^{(l)}} \frac{\partial x_{ij}^{(l)}}{\partial u_{ij}^{(l)}} \frac{\partial u_{ij}^{(l)}}{\partial k_{pq}^{(l)}} \right) \\
&= \sum_i \sum_j \left(\frac{\partial L}{\partial x_{ij}^{(l)}} f'(u_{ij}^{(l)}) x_{i+p-1,\,j+q-1}^{(l-1)} \right)
\end{aligned}
\tag{3-22}
$$

损失函数对卷积层中偏置项的偏导数可表示为

$$
\begin{aligned}
\frac{\partial L}{\partial b^{(l)}} &= \sum_i \sum_j \left(\frac{\partial L}{\partial x_{ij}^{(l)}} \frac{\partial x_{ij}^{(l)}}{\partial u_{ij}^{(l)}} \frac{\partial u_{ij}^{(l)}}{\partial b^{(l)}} \right) \\
&= \sum_i \sum_j \left(\frac{\partial L}{\partial x_{ij}^{(l)}} f'(u_{ij}^{(l)}) \right)
\end{aligned}
\tag{3-23}
$$

若定义误差项为 $\delta_{ij}^{(l)} = \dfrac{\partial L}{\partial u_{ij}^{(l)}}$，则损失函数对卷积核每个元素的偏导数为

$$\frac{\partial L}{\partial k_{pq}^{(l)}} = \sum_i \sum_j (\delta_{ij}^{(l)}) x_{i+p-1,\,j+q-1}^{(l-1)} \tag{3-24}$$

式(3-24)表示输入矩阵与误差矩阵的卷积，而误差矩阵的大小由每一层输出矩阵的大小决定。则损失函数对偏置项的偏导数可表示为

$$\frac{\partial L}{\partial b_{pq}^{(l)}} = \sum_i \sum_j \delta_{ij}^{(l)} \tag{3-25}$$

由此可知，最关键的步骤是求取误差矩阵 $\boldsymbol{\delta}$。若卷积层后面连接的是池化层或全连接层，则由池化层或全连接层的递推公式可以求出；若为卷积层的中

间层，则后一层传播至前一层的误差为

$$\delta_{ij}^{(l)} = \frac{\partial L}{\partial x_{ij}^{(l-1)}} \frac{\partial x_{ij}^{(l-1)}}{\partial u_{ij}^{(l-1)}} \tag{3-26}$$

结合卷积层正向传播时的公式可以推导出误差矩阵 $\pmb\delta$ 的传递公式为

$$\pmb\delta^{(l-1)} = \delta^{(l)} * \text{rot}180(\pmb K) \odot f'(u^{(l-1)}) \tag{3-27}$$

其中，$*$ 表示卷积，$\text{rot}180(\pmb K)$ 表示将卷积核矩阵 $\pmb K$ 延顺时针方向旋转 $180°$。池化层没有权重矩阵和偏置项等相关参数。因此，只需要将误差矩阵进行传递，即把 $\pmb\delta^{(l)}$ 的每个元素扩展为 $s\times s$ 个误差值。

3. 池化层的反向传播过程

以均值池化方式为例，该层的输出为

$$y = \frac{1}{s\times s}\sum_{i=1}^{k} x_i \tag{3-28}$$

其中，x_i 表示池化操作时 $s\times s$ 图像块区域的像素值，y 为池化操作后的输出像素值。则损失函数对输入矩阵元素的偏导数为

$$\frac{\partial L}{\partial x_i} = \frac{\partial L}{\partial y}\frac{\partial y}{\partial x_i} = \delta\frac{1}{s\times s} \tag{3-29}$$

其中，δ 表示损失函数对输出元素的偏导。因此，通过将 $\pmb\delta^{(l)}$ 的每个元素扩展为 $s\times s$ 个值为 $\delta\dfrac{1}{s\times s}$ 误差值，可得到 $\pmb\delta^{(l-1)}$。若采用最大池化操作，则正向传播时要加载最大值的位置，对 l 层误差矩阵进行扩充时，最大值处为 δ，其他为 0，其函数表达式为

$$\frac{\partial L}{\partial x_i} = \frac{\partial L}{\partial y}\frac{\partial y}{\partial x_i} = \begin{cases} \delta, & i = t \\ 0, & 其他 \end{cases} \tag{3-30}$$

其中，t 为最大值位置。此外，随着层数的增加，网络结构会更加健壮。但同时会面临着局部极小值、鞍点、梯度消失等问题。为了防止过拟合现象的发生，可以给损失函数补充一个正则化项；为了加速梯度下降法的收敛，可以在参数更新公式中加入动量项。

3.1.3　CNN 模型的过拟合与欠拟合问题

1. 网络超参数设计

在实际深度 CNN 应用过程中，超参数的设置至关重要，其也会影响最终的网络性能。网络超参数可分为三类：数据相关、训练相关和网络相关。其中，数据相关超参数包括丰富的数据库、数据泛化处理等。训练相关超参数包括学

习率、训练动量、衰减函数、正则化方法。网络相关超参数包括层数、节点数、滤波器数、分类器种类等。网络超参数选择的目标是：保证神经网络模型在训练阶段既不会拟合失败，也不会过度拟合，同时让网络尽可能快地学习数据结构特征。下面对网络超参数的学习率和动量进行阐述，其中学习率是最为常见的超参数。

1) 学习率

梯度下降算法被广泛应用于最小化模型误差的参数优化算法，其公式如下：

$$\theta - \eta \frac{\partial L}{\partial \theta} \to \theta \qquad (3-31)$$

其中，$\eta \in R$ 为学习率，θ 为网络模型参数，$L = L(\theta)$ 是关于 θ 的损失函数，$\partial L / \partial \theta$ 为损失函数对参数的一阶导数(也称梯度误差)。网络模型参数 θ 的更新依赖梯度误差与学习率。学习率越大，参数 θ 的更新步长越大；学习率越小，参数 θ 的更新步长越小。在网络模型训练阶段调整梯度下降算法的学习率可以改变网络权重参数的更新幅度。当损失值较大，对应的梯度较陡峭，若此时的学习率较大，则下一步长会很大；当损失值较小，对应梯度较平坦，若此时学习率较小，则下一步长会缩短。为了使梯度下降法具有更好的性能，我们需要把学习率的值设定在合适的范围内，因为学习率决定了参数能否移动到最优值和参数移动到最优值的速度。如果学习率过大，权重参数很可能会越过最优值，最后在误差最小的一侧来回跳动，永不停止。反之，如果学习率过小，网络可能需要很长的优化时间，优化的效率过低，最终导致算法长时间无法收敛。

2) 动量

动量的物理意义可简单描述为：当我们把球推下山时，球会不断地累积其动量，速度会越来越快，当球遇到上坡时，其动量就会减少。参数更新时也可以模仿物理中的动量：当梯度保持相同方向维度时，动量不断增大，而在梯度方向不停变化的维度上，动量持续减少。因此，动量可以加快收敛速度并减少震荡。网络中的参数通过动量来更新，参数向量会在任何有持续梯度的方向上增加速度。其公式为

$$\mu \cdot \theta - \eta \frac{\partial L}{\partial \theta} \to \theta \qquad (3-32)$$

其中，$\mu \in R$ 为动量系数，取值为(0, 1)。该式表明：当前梯度方向与前一步的梯度方向一样时，就增加这一步的权值更新，否则减少参数更新。这样可以在一定程度上增加稳定性，加快学习速率，并且有一定的摆脱局部最优的能力。

2. 网络性能评价

原始数据集通常分为三部分：训练集（training data）、验证集（validation data）和测试集（testing data）。训练集是用来训练的数据集合；测试集是训练完后用来测试训练后模型的数据集合；验证集是在模型训练过程中，可以用来观察模型的拟合情况的数据集合。如果出现过度拟合，则及时停止训练，还可以通过验证集来确定一些超参数。

根据数据集的不同，网络评价指标分为训练误差、测试误差和交叉验证误差。机器学习的目的是使学习得到的模型不仅对训练数据有好的表现能力，同时也对未知数据有很好的预测能力。因此给定损失函数的情况下，可以得到模型的训练误差和测试误差。比较模型的训练误差和测试误差可以评价学习得到的模型。同时需要注意的是，统计学习方法具体采用的损失函数未必是评估时使用的损失函数，两者相同是比较理想的。

1）训练误差和测试误差

假设最终学习到的模型是 $Y = f(x)$，那么训练误差是模型 $Y = f(x)$ 关于训练数据集的经验损失：

$$R_{\text{emp}}(\hat{f}) = \frac{1}{N} \sum_{i=1}^{N} L(y_i, \hat{f}(x_i)) \tag{3-33}$$

其中，N 是训练集样本数量。

测试误差是模型 $Y = f(x)$ 关于测试数据集的经验损失：

$$e_{\text{test}} = \frac{1}{N'} \sum_{i=1}^{N'} L(y_1, \hat{f}(x_i)) \tag{3-34}$$

其中，N' 是测试集样本数量。

2）交叉验证误差

交叉验证是模型选择常用的一种方法，该方法主要在样本数据充足的情况下使用，样本数据可以划分为：训练集、交叉验证集和测试集三个数据集。其中，训练集主要是根据数据去调节模型的参数，而交叉验证集的作用主要是调节模型的超参数，测试集是评估训练得到模型的泛化能力。

交叉验证误差是指在交叉验证过程中，模型在验证数据集上的预测误差。交叉验证集的基本思想是：重复地使用数据，把给定的数据进行划分，将划分的数据集组合成训练集和测试集，在此基础上反复地进行训练、测试以及模型选择。交叉验证主要有三种方法。

（1）简单交叉验证，即将数据随机分为两部分，一部分作为训练集，另一部分作为测试集（例如，70%的数据为训练集，30%的数据为测试）；

（2）N 折交叉验证，该方法随机将数据分为 N 个互不相交的大小相同的子集，然后利用 $S-1$ 个子集的数据作为训练集，剩下的子集作为测试集，将这一过程对可能的 S 种选择重复进行，最后选出 S 次评测中平均测试误差最小的模型；

（3）留一交叉验证，其为 N 折交叉验证的特殊情况，即在 N 折交叉验证的基础上，令 $S=N$，该验证方法往往适用于数据量较小的情况。

3. 过拟合与欠拟合

过拟合（Overfitting）是指模型在训练数据上表现得过于优秀，但在未见数据上表现较差。过拟合可以比喻为一个学生死记硬背了一本题库的所有答案，但当遇到新的题目时无法正确回答。这种情况下，模型对于训练数据中的噪声和细节过于敏感，导致了过拟合的现象。欠拟合（Underfitting）是指模型无法很好地拟合训练数据，无法捕捉到数据中的真实模式和关系。欠拟合可以比喻为一个学生连基本的知识都没有掌握好，无论是老题还是新题都无法解答。这种情况下，模型过于简单或者复杂度不足，都无法充分学习数据中的特征和模式。图 3-5 为过拟合与欠拟合的示意图。

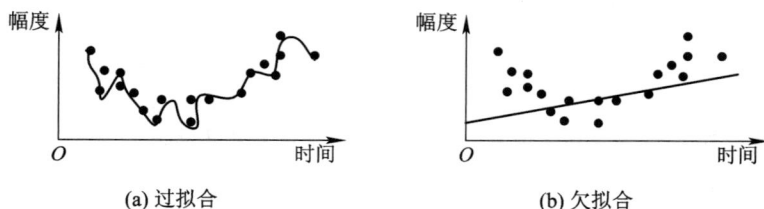

(a) 过拟合　　　　　　　　(b) 欠拟合

图 3-5　过拟合与欠拟合的示意图

1）过拟合的产生原因及解决方法

（1）过拟合可由样本问题引起，例如样本量太少、训练集与测试集分布不一致、样本噪声大等。当样本量太少时，可能会导致选取的样本不具有代表性，从而将这些样本独有的性质当作一般性质来建模，就会导致模型在测试集上效果变差。

（2）对于数据集的划分没有考虑业务场景，有可能造成训练与测试样本的分布不同，就会出现在训练集上效果好，在测试集上效果差的现象。

（3）如果数据的噪声较大，会导致模型拟合这些噪声，增加了模型复杂度。

（4）模型问题也会导致过拟合，例如参数太多、模型过于复杂。

针对这些问题，可以通过增加样本量、减少特征等方法来解决。

2）欠拟合的产生原因及解决方法

（1）模型的容量或复杂度不够，对神经网络来说，参数量不够或网络太简单，没有很好的特征提取能力。通常为了避免模型过拟合，会添加正则化，当正则化惩罚太过，会导致模型的特征提取能力不足；

（2）训练数据量太少或训练迭代次数太少，导致模型没有学到足够多的特征。

根据欠拟合产生的原因，解决方法有两种：

（1）更换特征提取能力强或参数量更大的网络或减少正则化的惩罚力度；

（2）增加迭代次数、扩充训练数据，或从少量数据上学到足够的特征。具体包括适度增大 epoch、数据增强、预训练、迁移学习、小样本学习、无监督学习等。

4. Dropout

在机器学习或者深度学习中，经常出现的问题是训练数据量小、模型复杂度高，这就使得模型在训练数据上的预测准确率高，但是在测试数据上的准确率低，这时就出现了过拟合。为了缓解过拟合，可采用的方法有很多，其中一种就是集成，通过训练多个模型，采用"少数服从多数"的策略决定最终的输出，但同时这个方法有一个很明显的缺点，即训练时间长。Dropout 是其中一种典型的缓解过拟合的方法。

Dropout 又称为随机失活，是一种在深度学习模型中用于缓解过拟合问题的技术，简单来说就是在模型训练阶段的前向传播过程中，让某些神经元的激活值以一定的概率停止工作，这样可以使模型的泛化性更强，其处理过程如图 3-6 所示。Dropout 实现了一种继承学习的思想。在每一次训练的时候，模型以概率 P"丢弃"一些节点，每一次"丢弃"的节点不完全相同，从而使模型在每次训练过程中都是在训练一个独一无二的模型，最终将这些模型集成在同一个

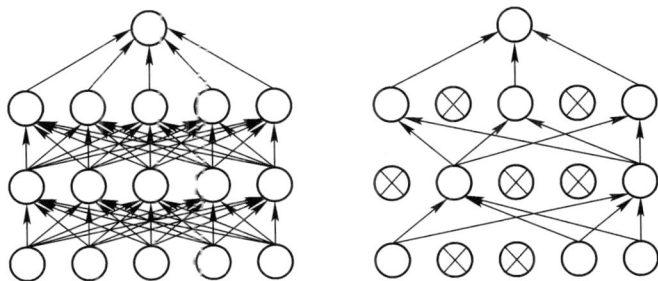

图 3-6　Dropout 示意图

模型中。并且在集成过程中 Dropout 采用的并不是平均预测结果，而是将测试时的权重都乘上概率 P。在训练过程中，Dropout 的工作原理是：以一个概率为 P 的伯努利分布随机地生成与节点数相同的 0、1 值，将这些值与输入相乘后部分节点被屏蔽，此时再用这些节点值做后续的计算。

3.2 典型的 CNN 模型

1987 年，Alexander Waibel 等人提出了世界上第一个 CNN 模型——时间延迟网络（Time Delay Neural Network，TDNN）。该模型主要是为了解决语音识别任务上的问题，使用预处理的语音信号作为输入，隐含层由 2 个一维卷积核组成，用来提取特征信息。而在该模型出现之前，反向传播算法（Back-Propagation，BP）的研究有了重大的发展，因此 TDNN 可以利用 BP 算法来学习模型信息。

1988 年，Wei Zhang 提出了第一个二维 CNN：平移不变人工神经网络（Shift-Invariant Artificial Neural Networks，SIANN），并将其应用于检测医学影像。1998 年，LeCun 提出了具有划时代意义的 LeNet，其凭借自身的实用性、历史重要性在当时受到广泛关注。LeNet 在手写体识别场景展现出最佳性能；另外，LeNet 能够结合现实需要，对数字实施精细化分类，且不易出现失真情况，此外，诸如比例改变、位置改变及旋转等对其产生的影响也较小。需要指出的是，LeNet 实为一个比较典型的前馈 CNN，由三部分组成，即池化层、卷积层和全连接层。在之前较长一段时间里，通过 GPU 执行 LeCun 的训练和测试时，并不需要模型的加速，甚至以 CPU 执行，也可满足部分场景的运行速度需求。对于传统的多层全连接神经网络，其在实际应用中存在如下局限性：其将各个像素都作为彼此独立的输入，因而会大幅度地增加整体的计算量。2006 年，随着深度学习理论被提出，CNN 也得到了极大的关注，并且随着计算机计算能力的不断增强得到飞跃式的发展。

3.2.1 AlexNet

2012 年，Alex Krizhevsky 提出了 AlexNet，并赢得了 ImageNet2012 图像识别挑战赛的第一名。该网络首次证明了模型自动学习到的特征可以超越手动设计的特征，从此 CNN 便在之后的各大视觉挑战赛中霸榜。AlexNet 网络结构如图 3-7 所示。该网络包含 5 层卷积层，3 层全连接层（其中 2 个隐藏层，1

个输出层）；在 AlexNet 中，使用 ReLU 激活函数来代替 CNN 中的 Sigmoid 函数，用 Dropout 方法来缓解过拟合问题。同时，在 AlexNet 的输入预处理的工作中，引入了大量的图像增广操作，如翻转、裁剪和颜色变化等等。从而进一步扩大训练图像的数据集。这些方法有着极其重大的影响，至今仍然是网络设计构造时的重要部分。

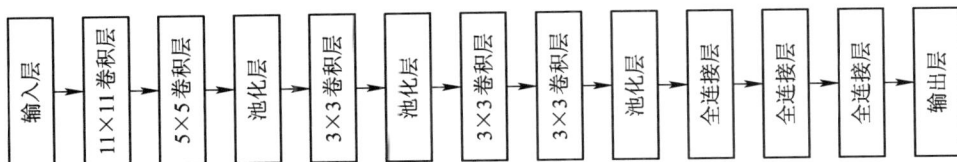

图 3 - 7 AlexNet 模型结构

在 AlexNet 出现不久后，Network in Network(NiN) 也被提出来。该模型去掉了 AlexNet 最后的 3 个全连接层，使用了输出通道数等于标签类别数的 NiN 块，然后使用全局平均池化层对每个通道中所有元素求平均，并直接用于分类。这样可以显著减少模型参数尺寸，从而缓解网络的过拟合问题。

3.2.2 GoogLeNet

2014 年，出现了两个经典的 CNN 模型，即 GoogLeNet 和 VGG 模型。GooLeNet 引入了 NiN 的思想，并在此基础上做了很大改进，将 Inception 块的新概念引入 CNN 当中，并且参照合并、变换等思想，以多尺度卷积变换为研究对象，展开深层次、有目的性的整合。图 3 - 8 是 Inception 块结构示意。此块把大小不一的滤波器均进行封装，如 1×1、3×3、5×5 等，以此对各种尺度的空间信息进行捕捉。在整个 GoogLeNet 架构当中，一些比较传统的卷积层会被那些小块所替代，因此，其在具体的思路上，相似于用微型 NiN 将各层替代的思路。另外，还需深究的是，GoogLeNet 可以通过对诸如合并、变换等操作进行合理化、规范化应用，深入性学习变体问题（同一图像类别，且不互通类型），并且将问题有效解决。另外，还需要指出的是，GoogLeNet 在最后一层中，借助全局平均池，以常规接层为对象，实施全面性代替，以此达到降低其连接密度的目的。通过对这些参数展开合理化、科学性调整，能够使参数量从之前的 4000 万个，降至最终的 500 万个。此外，在整个体系中，还对其他正则因素进行了合理化使用，如 RmsProp 等。GoogLeNet 结合现实所需，将辅助学习器的概念引入其中，以此加快其收敛速度。

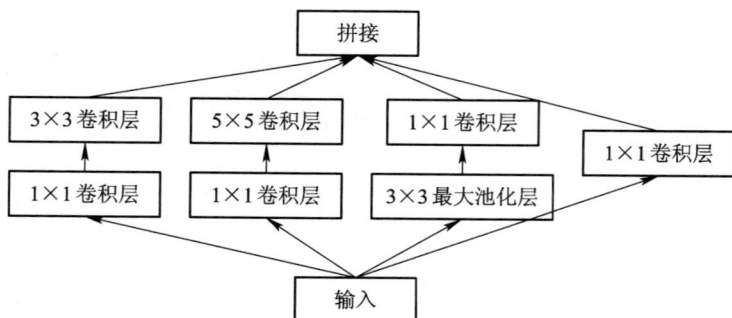

图 3 - 8　Inception 块结构示意图

3.2.3　VGG

伴随 CNN 在图像识别中的成功应用，Simonyan 等人结合既往研究成果，提出了一种有效、实用且简单易操作的 CNN 架构 VGG（Visual Geometry Group）。与 ZefNet、AlexNet 相比较，其在网络深度上达到 19 层，另外，VGG 还可以结合现实所需，围绕深度与网络表示能力间所存在的关联性，展开全面且严格化的模拟。2013 年，ZeiNet 在滤波器进行实际选择时，尽量选择小尺寸滤波器，且还强调其在提升 CNN 性能方面具有重要作用与效能。VGG 结合现实需求，选择 3×3 卷积层，以此对既往的 5×5 滤波器实施全面性替代。当选用的是 3×3 滤波器时，所得效果接近或者超出大尺寸的滤波器。另外，还需要强调的是，小尺寸滤波器在实际应用中，还具有其他方面的益处，如通过将参数的具体数量适当减少，可以实现计算复杂性的大幅降低。此外，还需强调的是，VGG 还能够结合实际情况，在卷积层前置入 1×1 卷积，通过此操作，便能够对网络所具有的复杂性进行适当且合理化的调节，且还能够对所得到的特征图所对应的线性组合进行深层化学习。为了能够更加合理地调整网络，VGG 把最大池化层以一种合理方式置于卷积层之后，实施填充，以此获得良好的空间分辨率。而在处理图像定位、分类问题上，VGG 均呈现出不错的效果。但需要强调的是，尽管 VGG 有着不错的应用效能，但因其采用的是拓扑结构，所以计算成本较高，这对 VGG 的应用造成了限制。即便选用的是小尺寸滤波器，因所用参数达 1.4 亿个，所以 VGG 的计算负担仍然非常高。VGG16 的模型结构如图 3 - 9 所示。

输出

Softmax

全连接层

全连接层

全连接层

最大池化层 2×2

3×3卷积+ReLU

3×3卷积+ReLU　　Block 5

3×3卷积+ReLU

最大池化层 2×2

3×3卷积+ReLU

3×3卷积+ReLU　　Block 4

3×3卷积+ReLU

最大池化层 2×2

3×3卷积+ReLU

3×3卷积+ReLU　　Block 3

3×3卷积+ReLU

最大池化层 2×2

3×3卷积+ReLU　　Block 2

3×3卷积+ReLU

最大池化层 2×2

3×3卷积+ReLU　　Block 1

3×3卷积+ReLU

输入

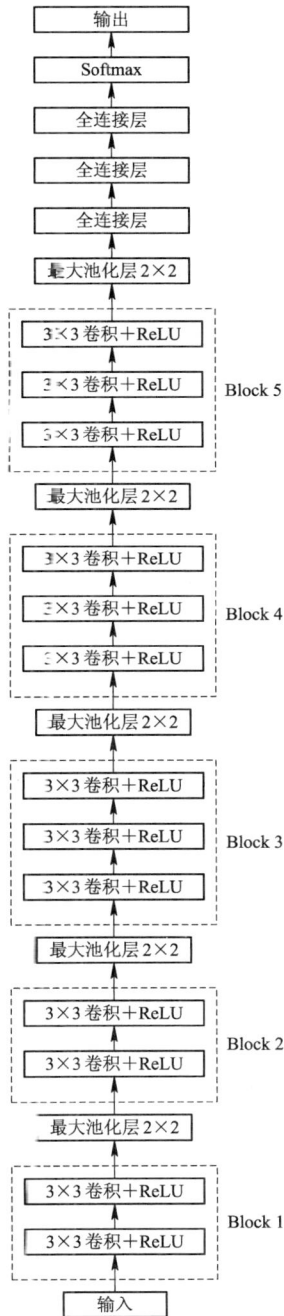

图 3-9　VGG16 模型结构

3.2.4 ResNet

深度卷积神经网络不断在图像分类任务上取得突破，网络深度的增加提升了其特征提取能力。然而随着网络深度的增加，梯度消失的问题越来越严重，网络的优化越来越困难。因此，He 等人提出了残差卷积神经网络（Residual networks，ResNet），在进一步加深网络的同时提升了图像分类任务的性能。ResNet 由堆叠的残差块组成，残差块结构如图 3-10 所示。

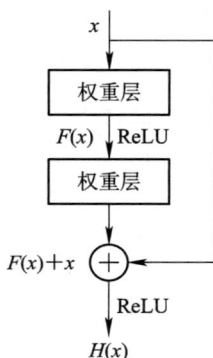

图 3-10 残差块示意图

残差块除包含权重层，还通过越层连接将输入 x 直接连到输出上，$F(x)$ 为残差映射，$H(x)$ 为原始映射，残差网络令堆叠的权重层拟合残差映射 $F(x)$ 而不是原始映射 $H(x)$，则 $F(x) = H(x) - x$，而学习残差映射较学习原始映射更简单。另外，越层连接使不同层的特征可以互相传递，一定程度上缓解了梯度消失问题。ResNet 通过堆叠残差块使网络深度达到 152 层，残差网络在图像分类任务中获得了较大的成功。但随着网络的继续加深，梯度消失问题仍然存在，网络的优化越来越困难，为进一步提升残差网络的性能，研究者们提出了一系列残差网络的变体，本书根据这些变体基本思路的不同，将其分为 4 类：基于深度残差网络优化的残差网络变体、采用新训练方法的残差网络变体、基于增加宽度的残差网络变体和采用新维度的残差网络变体。

（1）基于深度残差网络优化的残差网络变体有 Pre-Res Net、加权残差网络（Weighted Residual Network，WResNet）、金字塔残差网络（Pyramidal Residual Network，PyramiNet）、多级残差卷积神经网络（Residual Networks of Residual Networks，RoR）、金字塔多级残差卷积神经网络（Pyramidal RoR，PRoR）等；

（2）采用新训练方法的残差网络变体有随机深度（Stochastic Depth，SD）

网络、Swapout 和卷积残差记忆网络（Convolutional Residual Memory Networks，CRMN)等；

（3）基于增加宽度的残差网络变体包括 ResNet in ResNet、宽残差网络（Wide Residual Networks，WRN)和多残差网络(Multi-Res Net)等，其中的宽度包括特征图中的通道数、残差块中残差函数的数量等；

（4）采用新维度的残差网络变体包括基数、尺度和结构多样性等。

3.2.5　DenseNet

残差网络以及随机深度训练方法都有一个共同点，即在网络中从高层到低层创建了越层连接路径。为确保网络中各层之间信息流最大化，Huang 等人提出了密集连接卷积神经网络（Densely Connected Convolutional Network，DenseNet)，该网络使用了一种简单的连接模式，即将所有层直接相连。为进一步改善网络中的信息流，研究者们研究 DenseNet 路径连接的方式，提出了一系列 DenseNet 变体，例如，双路径网络（Dual Path Network，DPN）、CliqueNet 和 ConDenseNet 等。DenseNet 由密集块组成，密集块结构如图 3-11 所示，密集块采用前馈的方式将所有层具有相同大小的输出特征图）直接相连，每一层都从其前部所有层获得输入并将自己的输出特征图传递到后部层，这种方式不但增强了特征重用，而且可以缓解梯度消失问题。与残差网络不同的是，DenseNet 将特征图传递到下一层之前没有采用求和而是通过通道的合并来组合特征图。

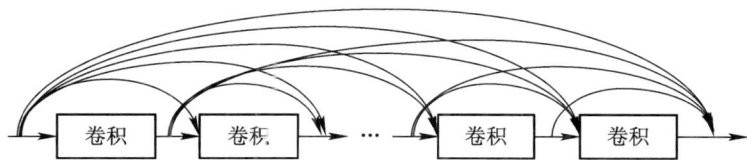

图 3-11　密集块示意图

3.3　CNN 在目标检测中的应用

计算机视觉是一门研究如何使机器"看"的科学，更进一步就是指用摄影机和电脑代替人眼完成对目标进行识别、跟踪和测量等机器视觉任务，并通过图像处理使之更适合人眼观察或成为传送给仪器检测的图像。作为一个自然科学学科,计算机视觉研究相关的理论和技术,试图建立能够从图像或者多维数据中获取"信息"的人工智能系统。计算机视觉领域任务包括图像分类、目标检测、语义分割等。

1. 图像分类

图像分类是计算机视觉任务中的一个重要的概念,目标检测技术的发展之初也主要是通过图像分类思想来实现的。图像分类的过程是输入一张图像,通过算法来输出这个图像的类别,例如判断这张图像是猫或者狗。传统的图像分类的主要步骤是进行特征提取,然后训练分类器。

2. 目标检测

目标检测是对图像中的目标进行分类和定位,即找出图像中的目标,将其划分为某个类别,然后对每类目标的位置进行定位,用边界框的形式将其位置标注出来,目标检测的应用非常广泛。目前目标检测领域的深度学习方法主要分为两类:两阶段的目标检测算法和单阶段目标检测算法。两阶段目标检测是指先由算法生成一系列作为样本的候选框,再通过 CNN 进行样本分类。常见的两阶段目标检测算法有 R-CNN、Fast R-CNN、Faster R-CNN 等。单阶段目标检测算法不需要产生候选框,直接将目标框定位的问题转化为回归问题处理。常见的单阶段目标检测算法有 YOLO 系列算法、SSD 算法等。

3. 语义分割

语义分割是一种像素级别的分类,就是把图像中每个像素赋予一个类别标签,将不同类别的像素部分用颜色表示出来,一般将其称为二进制掩码,即一个布尔矩阵。语义分割中的经典算法为全卷积网络 FCN,与经典的 CNN 在卷积层之后使用全连接层得到固定长度的特征向量进行分类不同,FCN 可以接受任意尺寸的输入图像,采用反卷积层对最后一个卷积层的特征映射图进行上采样,使它恢复到与输入图像相同的尺寸,从而可以对每个像素都产生一个预测,同时保留了原始输入图像中的空间信息,最后在上采样的特征图上进行逐像素分类。语义分割领域中的经典算法还包括 DeepLab 系列算法、DFANet、BiseNet、ENet 等。本节主要针对目标检测任务进行描述。

3.3.1 目标检测发展背景

目标检测的任务是找出图像中所有感兴趣的目标,并确定它们的类别和位置。在目标检测领域,不得不提到 PASCAL VOC 挑战赛。PASCAL VOC 挑战赛是一个世界级的计算机视觉挑战赛。PASCAL 全称是"Pattern Analysis, Statical Modeling and Computational Learning"，是一个由欧盟资助的网络组织。很多优秀的计算机视觉模型如分类、检测、分割、动作识别等模型，都是基于 PASCAL VOC 挑战赛的成果及其数据集的，尤其是一些目标检测模型，包括大名鼎鼎的 R-CNN 系列、YOLO 系列、SSD 等。

目标检测算法发展大致分为两个阶段：传统的目标检测算法和基于深度学习的目标检测算法。第一阶段在 2000 年前后，这期间所提出的方法大多基于滑动窗口和人工特征提取，存在计算复杂度高以及复杂场景下鲁棒性差的缺陷。代表性的成果包括 Viola-Jones 检测器，HOG 行人检测器等。第二阶段是 2014 年至今，以 2014 年提出的 R-CNN 算法为开端，这些算法利用深度学习技术自动的抽取输入图像中的隐藏特征，对样本进行更高精度的分类和预测。在 R-CNN 之后，涌现出了 Fast R-CNN、Faster R-CNN、SPPNet、YOLO 系列等众多基于深度学习的图像目标检测算法。

3.3.2　目标检测的评价指标

目标检测问题，一般的常用评价指标有：交并比（IoU）、准确率（Accuracy）、精确率（Precision）、召回率（Recall）、平均正确率（AP）、平均精度均值（mAP）、混淆矩阵（Confusion Matrix）等。

（1）交并比。IoU 是两个边界框的交集和并集之比，用如下公式来计算：

$$IoU = \frac{A \bigcap B}{A \bigcup B} \qquad (3-35)$$

其中，A 和 B 是两个边界框区域，$\bigcap$ 表示取交集，$\bigcup$ 表示取并集。为了计算其他检测指标，需要理解正确的正向预测（Truth Positive，TP）、错误的正向预测（False Positive，FP）、正确的负向预测（True Negative，TN）、错误的负向预测（False Negative，FN）的概念。FP 表示负样本被检测为正样本的数量，也称误报，预测的边界框与地面真值的交并比小于阈值的检测框（定位错误）或者预测的类型与标签类型不匹配（分类错误）。FN 表示正样本被检测为负样本的数量，也称漏报，指没有检测出的地面真值区域。TN 表示负样本且被检测出的数量，无法计算。在目标检测中，通常不关注 TN。

（2）准确率。准确率的定义是预测正确的结果占总样本的百分比，其表达式为

$$Accuracy = \frac{TP + TN}{TP + TN + FP + FN} \qquad (3-36)$$

（3）精确率。精确率是针对预测结果而言的，其含义是在被所有预测为正

的样本中实际为正样本的概率，其表达式为

$$\text{Precision} = \frac{\text{TP}}{\text{TP} + \text{FP}} \qquad (3-37)$$

（4）召回率。召回率是针对原样本而言的，其含义是在实际为正的样本中被预测为正样本的概率，其表达式为

$$\text{Recall} = \frac{\text{TP}}{\text{TP} + \text{FN}} \qquad (3-38)$$

（5）平均正确率。平均正确率用来评价每个类的检测好坏的结果，其表达式为

$$\text{AP} = \sum_{k=1}^{N} P(k) \cdot \Delta r(k) \qquad (3-39)$$

其中，$P(k)$ 表示在能识别出第 k 个图片时精确率的值，$\Delta r(k)$ 表示识别图片个数从 $k-1$ 到 k 时召回率的变化情况，N 表示图片的个数。

（6）平均精度均值。平均精度均值是所有类别的平均正确率的均值，其表达式为

$$\text{mAP} = \frac{\sum_{k=1}^{N_{\text{class}}} \text{AP}}{N_{\text{class}}} \qquad (3-40)$$

其中，N_{class} 是类别个数。

混淆矩阵也称误差矩阵，是表示精度评价的一种标准格式，用 n 行 n 列的矩阵形式来表示。混淆矩阵的每一列代表了预测类别，每一列的总数表示预测为该类别的数据的数目；每一行代表了数据的真实归属类别，每一行的数据总数表示该类别的数据实例的数目。

3.3.3 基于 CNN 的目标检测模型

本部分主要介绍 Region-CNN，这是一种典型的基于 CNN 的目标检测模型，简称为 R-CNN。它是第一个成功将深度学习应用到目标检测上的算法。R-CNN 基于 CNN、线性回归和支持向量机（SVM）等算法，以实现目标检测任务。R-CNN 遵循传统目标检测的思路，同样采用提取框、对每个框提取特征、图像分类、非极大值抑制等四个步骤进行目标检测。唯一的区别在于，在提取特征这一步，R-CNN 将传统的特征（如 SIFT、HOG 特征等）换成了深度卷积网络提取的特征。R-CNN 的框架如图 3－12 所示，主要包括三个部分，找出候选框、候选框的标注、利用 CNN 提取特征向量并分类。

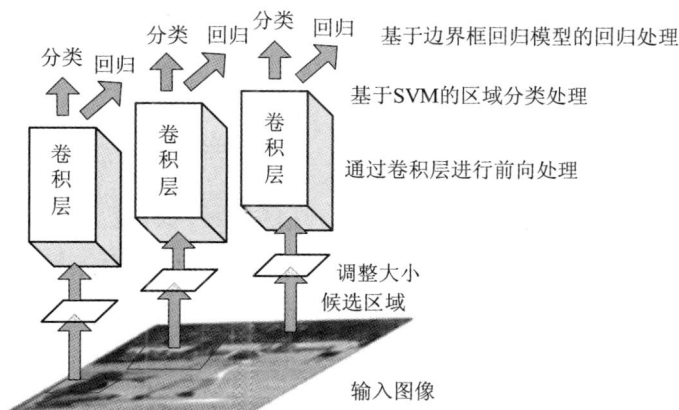

图 3 - 12　R-CNN 结构

对于一张图片，R-CNN 基于选择性搜索方法大约生成 2000 个候选区域，每个候选区域被调整成固定大小，并送入一个 CNN 模型中，最后得到一个特征向量。然后这个特征向量被送入一个多类别 SVM 分类器中，预测出候选区域中所含物体的属于每个类的概率值。每个类别训练一个 SVM 分类器，从特征向量中推断其属于该类别的概率大小。为了提升定位准确性，R-CNN 最后又训练了一个边界框回归模型，通过边框回归模型对框的准确位置进行修正。

3.4　CNN 的典型应用案例

3.4.1　猫狗图像识别

CNN 在图像识别领域具有显著优势。本案例以猫狗两类图像为处理对象，通过典型的 CNN 模型完成类型识别。

1. 数据准备

从 Kaggle 网站上下载 4000 张图片。其中，猫和狗各 2000 张，为每个类别创建 1000 个样本训练集、500 个样本验证集和 500 个样本测试集。下载图像如图 3 - 13 所示。

图 3-13　猫狗图像示意图

2. CNN 模型搭建

当数据准备充分后，构建用于识别的 CNN 模型，具体代码如下：

```
import tensorflow as tf
from keras import layers
from keras import models
model = models. Sequential()
model. add(tf. keras. layers. Conv2D(32，(3，3)，activation="relu"，input_shape=(150，150，3)))
model. add(tf. keras. layers. MaxPooling2D((2，2)))
model. add(tf. keras. layers. Conv2D(64，(3，3)，activation="relu"))
model. add(tf. keras. layers. MaxPooling2D((2，2)))
model. add(tf. keras. layers. Conv2D(128，(3，3)，activation="relu"))
model. add(tf. keras. layers. MaxPooling2D((2，2)))
model. add(tf. keras. layers. Conv2D(128，(3，3)，activation="relu"))
model. add(tf. keras. layers. MaxPooling2D((2，2)))
model. add(tf. keras. layers. Flatten())
model. add(tf. keras. layers. Dense(512，activation="relu"))
model. add(tf. keras. layers. Dense(1，activation="sigmoid"))
model. summary()
```

在代码运行过程中，所构建的网络结构也得以可视化，如图 3-14 所示。

```
Model: "sequential"

Layer (type)                    Output Shape              Param #
=================================================================
conv2d (Conv2D)                 (None, 148, 148, 32)      896

max_pooling2d (MaxPooling2D     (None, 74, 74, 32)        0
)

conv2d_1 (Conv2D)               (None, 72, 72, 64)        18496

max_pooling2d_1 (MaxPooling     (None, 36, 36, 64)        0
2D)

conv2d_2 (Conv2D)               (None, 34, 34, 128)       73856

max_pooling2d_2 (MaxPooling     (None, 17, 17, 128)       0
2D)

conv2d_3 (Conv2D)               (None, 15, 15, 128)       147584

max_pooling2d_3 (MaxPooling     (None, 7, 7, 128)         0
2D)

flatten (Flatten)               (None, 6272)              0

dense (Dense)                   (None, 512)               3211776

dense_1 (Dense)                 (None, 1)                 513

=================================================================
Total params: 3,453,121
Trainable params: 3,453,121
Non-trainable params: 0
```

图 3 - 14　所构建网络结构可视化

3. 模型参数训练

训练过程中，单次训练的准确率(acc)、损失(loss)、运行时间(单位为 ms)等信息可以直观得到，结果如图 3 - 15 所示。

```
Epoch 23/30
100/100 [==============================] - 82s 825ms/step - loss: 0.1514 - acc: 0.9455 - val_loss: 0.6921 -
val_acc: 0.7260
Epoch 24/30
100/100 [==============================] - 81s 807ms/step - loss: 0.1384 - acc: 0.9535 - val_loss: 0.8543 -
val_acc: 0.7180
Epoch 25/30
100/100 [==============================] - 81s 814ms/step - loss: 0.1232 - acc: 0.9615 - val_loss: 0.7055 -
val_acc: 0.7440
Epoch 26/30
100/100 [==============================] - 81s 814ms/step - loss: 0.1106 - acc: 0.9655 - val_loss: 0.7869 -
val_acc: 0.7330
Epoch 27/30
100/100 [==============================] - 85s 848ms/step - loss: 0.0901 - acc: 0.9755 - val_loss: 0.8125 -
val_acc: 0.7310
Epoch 28/30
100/100 [==============================] - 83s 830ms/step - loss: 0.0801 - acc: 0.9745 - val_loss: 0.8366 -
val_acc: 0.7420
Epoch 29/30
100/100 [==============================] - 82s 818ms/step - loss: 0.0665 - acc: 0.9800 - val_loss: 0.8571 -
val_acc: 0.7380
Epoch 30/30
100/100 [==============================] - 82s 816ms/step - loss: 0.0689 - acc: 0.9825 - val_loss: 1.1215 -
val_acc: 0.7020
```

图 3 - 15　训练过程显示

　　随着模型训练次数的增加，训练和验证的准确率、损失变化如图 3-16 所示。训练数据的识别准确率随着迭代次数的增加而增加，损失则减少。但是，验证数据由于与训练数据不属于同一数据集，所以验证准确率在迭代达到一定次数后处于稳定状态，而损失也并不同于训练情况的一直下降，而是在迭代达到一定次数后略有上升。这也是模型过拟合的一种表现。

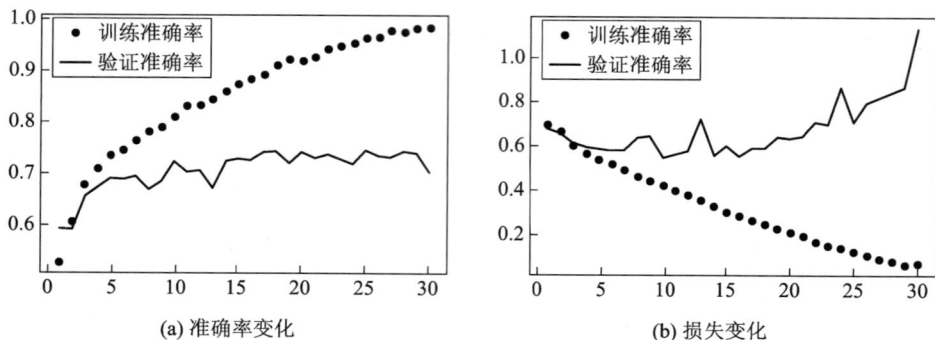

(a) 准确率变化　　　　　　　　　　　(b) 损失变化

图 3-16　模型训练、验证准确率与损失的变化情况

3.4.2　基于 MobileNetV3 的肺炎识别

　　基于 MobileNetV3 的肺炎识别是医学图像处理领域的一个典型基于 CNN 的应用案例。MobileNetV3 包含了近年来备受关注的注意力机制。

1. 数据描述

　　本案例使用 ChestXRay2017 数据集中的数据，共包含 5856 张胸腔 X 射线透视图。诊断结果（即分类标签）主要分为正常和肺炎，其中肺炎又可以细分为：细菌性肺炎和病毒性肺炎。胸腔 X 射线图像选自广州市妇幼保健中心的 1～5 岁儿科患者的回顾性研究。所有胸腔 X 射线成像都是患者常规临床护理的一部分。为了分析胸腔 X 射线图像，首先对所有胸腔 X 光片进行筛查，去除所有低质量或不可读的扫描，从而保证图片质量。然后由两名专业医师对图像的诊断进行分级，最后为降低图像诊断错误，由第三位专家检查了数据集。数据集主要分为 train 和 test 两大子文件夹，分别用于模型的训练和测试。在每个子文件内又分为了 NORMAL（正常）和 PNEUMONIA（肺炎）两大类。在 PNEUMONIA 文件夹内含有细菌性和病毒性肺炎两类，可以通过图片的命名格式进行判别。

2. 模型构建

MobileNetV3 的 Large 版本模型建立代码如下：

self. large_bottleneck = nn. Sequential(# torch. Size([1, 16, 112, 112]) 16 —> 16 —> 16 SE=False RE s=1

SEInvertedBottleneck(in_channels=16, mid_channels=16, out_channels=16, kernel_size=3, stride=1, activate=$'$relu$'$, use_se=False), # torch. Size([1, 16, 112, 112]) 16 —> 64 —> 24 SE=False RE s=2

SEInvertedBottleneck(in_channels=16, mid_channels=64, out_channels=24, kernel_size=3, stride=2, activate=$'$relu$'$, use_se=False), # torch. Size([1, 24, 56, 56]) 24 —> 72 —> 24 SE=False RE s=1

SEInvertedBottleneck(in_channels=24, mid_channels=72, out_channels=24, kernel_size=3, stride=1, activate=$'$relu$'$, use_se=False), # torch. Size([1, 24, 56, 56]) 24 —> 72 —> 40 SE=True RE s=2

SEInvertedBottleneck(in_channels=24, mid_channels=72, out_channels=40, kernel_size=5, stride=2, activate=$'$relu$'$, use_se=True, se_kernel_size=28), # torch. Size([1, 40, 28, 28]) 40 —> 120 —> 40 SE=True RE s=1

SEInvertedBottleneck(in_channels=40, mid_channels=120, out_channels=40, kernel_size=5, stride=1, activate=$'$relu$'$, use_se=True, se_kernel_size=28), # torch. Size([1, 40, 28, 28]) 40 —> 120 —> 40 SE=True RE s=1

SEInvertedBottleneck(in_channels=40, mid_channels=120, out_channels=40, kernel_size=5, stride=1, activate=$'$relu$'$, use_se=True, se_kernel_size=28), # torch. Size([1, 40, 28, 28]) 40 —> 240 —> 80 SE=False HS s=1

SEInvertedBottleneck(in_channels=40, mid_channels=240, out_channels=80, kernel_size=3, stride=1, activate=$'$hswish$'$, use_se=False), # torch. Size([1, 80, 28, 28]) 80 —> 200 —> 80 SE=False HS s=1

SEInvertedBottleneck(in_channels=80, mid_channels=200, out_channels=80, kernel_size=3, stride=1, activate=$'$hswish$'$, use_se=False), # torch. Size([1, 80, 28, 28]) 80 —> 184 —> 80 SE=False HS s=2

SEInvertedBottleneck(in_channels=80, mid_channels=184, out_channels=80, kernel_size=3, stride=2, activate=$'$hswish$'$, use_se=False), # torch. Size([1, 80, 14, 14]) 80 —> 184 —> 80 SE=False HS s=1

SEInvertedBottleneck(in_channels=80, mid_channels=184, out_channels=80, kernel_size=3, stride=1, activate=$'$hswish$'$, use_se=False), # torch. Size([1, 80, 14, 14]) 80 —> 480 —> 112 SE=True HS s=1

SEInvertedBottleneck(in_channels=80, mid_channels=480, out_channels=112, kernel_size=3, stride=1, activate=$'$hswish$'$, use_se=True, se_kernel_size=14),

```
# torch. Size([1，112，14，14])　112 -> 672 -> 112 SE=True HS s=1
    SEInvertedBottleneck(in_channels=112, mid_channels=672, out_channels=112,
kernel_size=3, stride=1, activate='hswish', use_se=True, se_kernel_size=14),
torch. Size([1，112，14，14])　112 -> 672 -> 160 SE=True HS s=2
    SEInvertedBottleneck(in_channels=112, mid_channels=672, out_channels=160,
kernel_size=5, stride=2, activate='hswish', use_se=True, se_kernel_size=7),
# torch. Size([1，160，7，7])　　160 -> 960 -> 160 SE=True HS s=1
    SEInvertedBottleneck(in_channels=160, mid_channels=960, out_channels=160,
kernel_size=5, stride=1, activate='hswish', use_se=True, se_kernel_size=7),
# torch. Size([1，160，7，7])　　160 -> 960 -> 160 SE=True HS s=1
    SEInvertedBottleneck(in_channels=160, mid_channels=960, out_channels=160,
kernel_size=5, stride=1, activate='hswish', use_se=True, se_kernel_size=7), )
```

3. 模型训练

模型的训练情况如图 3-17 所示，具体包括训练和测试的准确率、损失情况。显然，在训练初期，训练准确率、测试准确率随着迭代次数的增加而增加，损失值随着迭代次数的增加而减小。

```
train:eopch:0 train: acc:0.8298929663608563 loss:0.421135932207107 54 test: acc:0.719551282051282
train:eopch:1 train: acc:0.8667813455657493 loss:0.31201937794685364 test: acc:0.8830128205128205
train:eopch:2 train: acc:0.8801605504587156 loss:0.2891432046890259 test: acc:0.8125
train:eopch:3 train: acc:0.8836009174311926 loss:0.27796366810798645 test: acc:0.8717948717948718
train:eopch:4 train: acc:0.8895259933883792 loss:0.26921120285987854 test: acc:0.8701923076923077
train:eopch:5 train: acc:0.8988914373088684 loss:0.25148506793997583 test: acc:0.8573717948717948
train:eopch:6 train: acc:0.8960244648318043 loss:0.2523519694805145 test: acc:0.8862179487179487
train:eopch:7 train: acc:0.8975535168195719 loss:0.24580667912960052 test: acc:0.8862179487179487
train:eopch:8 train: acc:0.9137996941896025 loss:0.2257116436958313 test: acc:0.8942307692307693
train:eopch:9 train: acc:0.9071100917431193 loss:0.22461819648742676 test: acc:0.8926282051282052
train:eopch:10 train: acc:0.9090214067278287 loss:0.21950867772102356 test: acc:0.8926282051282052
train:eopch:11 train: acc:0.9183868501529052 loss:0.20675189793109894 test: acc:0.8717948717948718
train:eopch:12 train: acc:0.9235474006116208 loss:0.19623929262161255 test: acc:0.8846153846153846
train:eopch:13 train: acc:0.9139908256880734 loss:0.21690651774406433 test: acc:0.9134615384615384
train:eopch:14 train: acc:0.9210626911314985 loss:0.20919276773929596 test: acc:0.9102564102564102
```

图 3-17　MobileNetV3 模型训练情况

3.5 本章小结

本章围绕 CNN 的基本理论展开介绍，具体包括 CNN 的基本组成及训练过程、经典 CNN 模型以及 CNN 在目标检测中的应用三个部分。本章内容为后续基于 CNN 的 SAR 图像处理方法介绍提供了理论基础。首先，在 CNN 的基本组成及训练过程部分，本章介绍了 CNN 的卷积层、池化层、全连接层、激活函数的工作过程，展示了 CNN 的正向工作过程。进而介绍了 CNN 的训练过程，核心处理过程即反向迭代更新，还介绍了 CNN 模型的过拟合与欠拟合问题。在经典的 CNN 模型的结构介绍部分，列举了五种经典 CNN 模型的网络结构，同时回顾了 CNN 模型的发展进程。最后，本章以目标检测为代表，展示 CNN 的实际应用情况，并给出了 CNN 应用的典型案例。

第 4 章

基于 CNN 的 SAR 图像斑点噪声抑制方法

本章聚焦 SAR 图像斑点噪声抑制方法，首先介绍几种典型的 SAR 图像抑噪方法，之后重点介绍基于 CNN 的 SAR 图像斑点噪声抑制方法。目前，基于 CNN 的 SAR 图像斑点噪声抑制方法的研究面临缺少标签的问题。本章最后在基于 CNN 的 SAR 图像斑点噪声抑制方法结构的基础上，提供了用于抑噪网络训练的 SAR 图像数据集制作方法，可作为面向 SAR 图像斑点噪声抑制的监督学习方法研究的数据集制作范例。

4.1 经典 SAR 图像斑点噪声抑制方法

图 4-1 中将目前已有的经典 SAR 图像斑点噪声抑制方法（简称 SAR 图像抑噪方法）进行了分类。其中，传统方法包括多视处理和滤波方法两类，深度学习方法分为监督学习和自监督学习两类。以下分别介绍几种典型的方法。

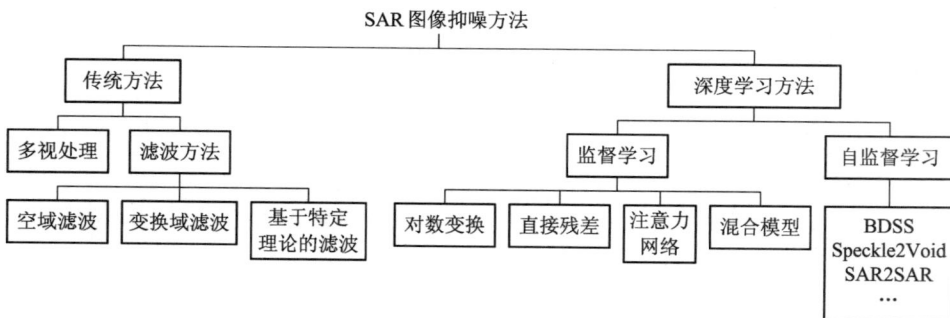

图 4-1　经典 SAR 图像斑点噪声抑制方法的分类

4.1.1　多视处理

SAR 单视图是直接用一个合成孔径长度处理整个多普勒带宽，而 SAR 多视图则是将多普勒带宽分成若干个部分，再通过分别聚焦，最终转换至距离-方位域。由 SAR 单视图转向 SAR 多视图的方法称为多视处理，该方法保证成像区域的大小不变，但每个分段的多普勒长度减小，降低了方位域中的分辨率。每次多视处理之后，可以获得方位子视图图像，这些图像的非相干叠加可实现斑点噪声的抑制。

多视处理由同一场景的 SAR 单视图的非相干叠加组成。在选择多视的视数数量时，必须同时考虑几何分辨率和辐射分辨率。SAR 单视图意味着带宽的完全一致使用，可获得最佳几何分辨率。在这种情况下，散斑噪声服从指数分布，其中标准偏差等于强度图像中的平均值（多重特性）。经多视处理，图像的几何分辨率随着视数数量的增加而降低，并且强度图像的斑点统计服从 Gamma（伽马）分布，其中标准偏差随着独立视数数量的平方根而减小。如果不使用多视处理，对单视处理的图像应用简单的平均滤波器，可以获得与多视处理类似的结果（脉冲响应除外）。必须选择合适的窗口大小，以实现与多视情况下相同的分辨率。例如，如果 SAR 单视图像中的像素不相关，则具有四个点的平均滤波器将以与四视处理相同的方式降低斑点噪声的标准偏差，得到比简单平均值更好的结果。自适应滤波器使用图像的局部均值和局部方差值来控制局部平均过程。在这种情况下，多视处理的效率较优，因为在形成多视 SAR 图像时，可以在处理中直接减少数据量。

为了形成多视 SAR 图像，需要确保使用相同的频率和极化方式，且每个子图像必须来源于相同地物的、同一时刻的、无辐射失真的观测。图 4-2 为多视处理的全带宽成像示意。图中，M 为孔径长度，将孔径分为四个长度为 $M/4$ 的小孔孔径后，单个小孔径会对地物进行单独成像，每个小孔成像相互独立。

以下为 N 视处理的表达式：

$$I_N = \left(\frac{1}{N}\right) \sum_{i=1}^{N} I_i \quad (4-1)$$

其中，N 为多视的视数，I_i 为第 i 个子图像。

经过多视处理后，图像的均值为

$$E\{I_N\} = E\{I_i\} = I_0$$
$$(4-2)$$

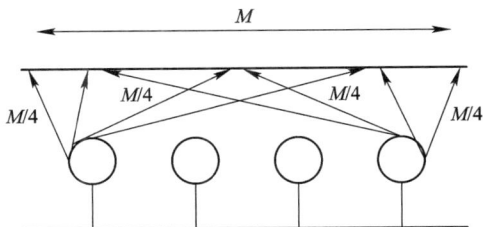

图 4-2　多视处理的全带宽成像示意图

方差为

$$\mathrm{var}\{I_N\} = E\{(I_N - I_0)^2\} = \frac{\sigma_0^2}{N} \qquad (4-3)$$

其中，σ_0^2 为 I_0 的方差。

从式(4-1)～式(4-3)中可以明显地看出，SAR 图像经过多视处理后，图像均值并没有变化，而图像方差却降到原图像的 $1/N$。由信号分析可知，假设信噪比提高到原来的 N 倍，那么空间分辨率就会随之降到原来的 $1/N$。然而从多视处理分析来看，多视处理的技术可以使图像保持更多的细节信息，并且会使后续图像处理易于统计。除此之外，多视处理应用的视数越多，斑点噪声会越少，得到的图像质量也会越好。但是，多视处理中视数的选择需要根据实际应用场景进行调整，滤波处理前，需要人为设定滤波参数，即多视处理的抑噪效果严重依赖人工经验。

4.1.2　空域滤波

1. 线性滤波

图像处理滤波可分为线性滤波和非线性滤波两种。线性滤波也称为平均低通滤波。均值滤波是一种典型的线性滤波方法。另外，维纳滤波是一种线性最小均方误差估计方法。其中，线性指的是这种估计形式是线性的，最小方差是滤波处理的优化准则。

均值滤波是典型的线性滤波算法，它是指在图像上对目标像素给一个模板，该模板包括了其周围的临近像素，再用模板中的全体像素的平均值来代替原来的像素值。具体而言，对待处理的当前像素点(x, y)，选择一个模板。该模板由其近邻的若干像素组成，求模板中所有像素的均值，再把该均值赋予当前像素点(x, y)，作为处理后图像在该点上的灰度 $g(x, y)$，即

$$g(x, y) = \frac{\sum f(x, y)}{m} \qquad (4-4)$$

其中，$f(x, y)$ 为原始图像，m 为该模板中包含当前像素在内的像素总个数。

均值滤波方法本身存在固有的缺陷，即它不能很好地保护图像细节，在图像去噪的同时会使图像变得模糊。

2. 中值滤波

线性滤波的问题是边缘模糊和图像内容丢失，去噪效果不佳。而非线性滤波比线性滤波具有更好的效果，因为其能够消除噪声像素且不会导致边缘模糊。中值滤波是一种典型的非线性滤波方法，它在保留图像特征方面非常有

效。但是，滤波的窗口大小直接影响中值滤波的性能好坏。较小的窗口保留了这些图像特征，但会减少噪声抑制。在窗口较大的情况下，噪声抑制潜力很大，但图像内容保留有限。随着标准中值滤波的增强，人们设计了许多滤波方法，如加权中值滤波、阈值中值滤波、自适应中值滤波、秩中值滤波等。

中值滤波是一种易于实现的非线性滤波方法。在中值滤波处理中，目标噪声像素被其邻域像素的中值所取代。过滤窗口的大小决定了邻域像素的数量。邻域像素中值被简单地描述为排序序列中的中值。

3. Lee 滤波

Lee 滤波是用于去除斑点和增强 SAR 图像的著名滤波方法之一。它以乘性噪声模型为基础，使用最小均方误差（MMSE）滤波准则执行噪声去除。Lee 滤波计算具体步骤如下：

（1）输入大小为 $m \times n$ 的图像；

（2）选择内核大小；

（3）找到像素的中心（I_c）；

（4）确定图像强度平均值（I_m）；

（5）确定图像强度值的标准偏差 S；

（6）估算噪声变异系数：$C_u = \sqrt{1/\mathrm{ENL}}$，其中，ENL 为等效视数；

（7）估算图像变差系数：$C_I = S/I_m$；

（8）计算权重函数：$W = 1 - C_u^2/C_I^2$；

（9）计算整幅图像滤波后估计值：$R = I_c * W + I_m * (1 - W)$。

通过上述步骤可以看出，Lee 滤波是 SAR 图像强度变差系数的函数。

4. Frost 滤波

Frost 滤波是一类典型的统计类滤波方法。它利用图像的邻域信息，将所求像素点一定距离范围内的像素值进行加权来求解。通过使用最小均方误差准则，可以得到 Frost 滤波的滤波公式：

$$\hat{R}(x, y) = \sum_i \sum_j m(x+i, y+j) I(x+i, y+j) \qquad (4-5)$$

其中，(x, y) 是需要被去噪的像素点的坐标，i 和 j 表示在一定大小窗口内 (x, y) 的偏移。

$m(x+i, y+j)$ 为像素 (x, y) 在水平和垂直方向分别偏移 i 和 j 个单位后像素值的加权值，它的值随着偏移距离的增大而减小，因此 SAR 图像某像素点的估计值是对含噪图像中一定窗口内所有像素值的加权平均。权重 $m(x+i, y+j)$ 的计算方法为

$$m(x+i, y+j) = K_2 \exp[-\alpha|t|] \tag{4-6}$$

其中，$\alpha = K \cdot C_1^2$，K 为常数；$C_1 = \sigma_1/\bar{I}$，C_1 为该窗口在 SAR 图像域内的图像变差系数；K_2 为归一化常数，$t = \sqrt{i^2 + j^2}$。将 α 代入式（4-6），可以得到 Frost 滤波的滤波公式为

$$m(x+i, y+j) = K_2 \exp[-K \cdot C_1^2 \cdot |t|] \tag{4-7}$$

因此，可以通过改变表达式中参数 K_2 的值来调节滤波对图像处理的效果。K_2 越大，图像平滑的效果越好，反之则能够保持的边缘信息就越多。由以上 Frost 滤波方法的原理，可推断出该方法也会出现边缘信息模糊与细节信息丢失的问题。

4.1.3 变换域滤波

变换域滤波的典型方法为小波变换。每个子小波对应的频段范围可准确测量，即该类方法可实现滤波处理的空间比例自适应。另外，将子块排序与变换域滤波（Patch Ordering and Transform-Domain Filtering，POTDF）相结合的斑点噪声抑制方法也是该类方法的典型。该方法对 SAR 图像的斑点噪声抑制效果明显。该处理过程流程如图 4-3 所示。其具体过程为：在粗滤波阶段，将原始 SAR 图像转换至对数域，并将其与 3×3 脉冲整形后的图像进行子块提取与排序，相乘后得到待去噪对数图像，然后进行稀疏编码去噪，再通过子图平

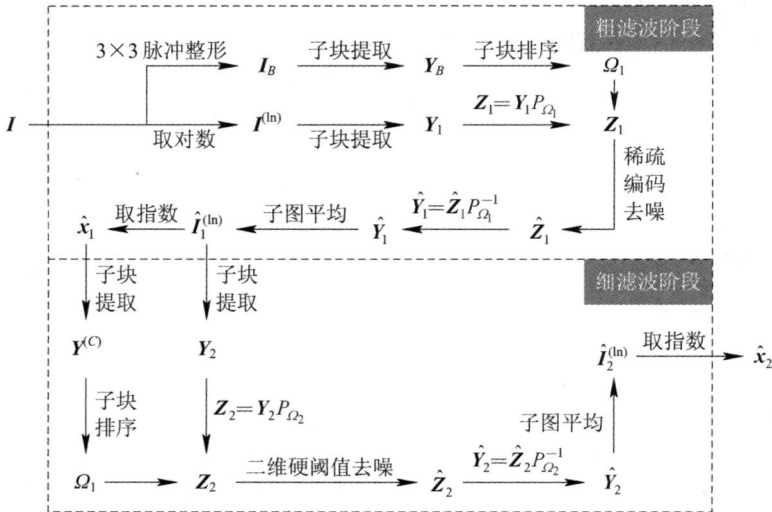

图 4-3 POTDF 滤波方法处理流程图

均、取指数操作得到粗滤波结果。在细滤波阶段，将粗滤波结果及其取指数之前的图像进行子块提取与排序，二者相乘后进行二维硬阈值去噪，再进行反向操作，取子图平均及取指数，得到最终抑噪结果。

4.1.4　基于特定理论的滤波

基于特定理论的滤波方法包括有序统计滤波、模拟退火算法、各向异性扩散、双边滤波、全变分噪声抑制等。其中，有序统计滤波的起源为中值滤波，其能够保留图像的边缘信息，但仅适用于针对完全发展的相干斑模型进行斑点噪声抑制。模拟退火算法为一种优化算法，可用于优化噪声抑制处理的目标函数。各向异性扩散方法将图像看作热量场，将图像中的像素看作热流，根据相邻像素差异确定扩散情况。若相邻像素差异较小，则向该像素进行扩散，实现平滑处理；若差异较大，则认定为边缘，停止扩散。双边滤波与各向异性扩散方法比较接近，其同样在进行滤波的过程中考虑图像像素之间的位置关系以及幅度值的变化情况。全变分噪声抑制方法通过引入能量函数，将图像斑点噪声抑制转化为泛函求极值问题，该类方法普遍具有损失大量细节信息的隐患。鉴于此，有学者提出一种截断非凸非光滑的变分方法（Truncated Nonconvex Nonsmooth variational Method，TNNM）用于图像的斑点噪声抑制。该方法的目标函数包括截断 l_p 正则化项以及由 I-divergence 模型构成的保真项两部分，并使用交替方向乘子算法（Alternating Direction Method of Multipliers，ADMM）进行模型求解。实验结果表明，引入截断 l_p 正则化项有助于恢复边缘信息并减少伪影，引入由 I-divergence 模型构成的保真项有助于提升斑点噪声抑制性能。

4.2　基于 CNN 的 SAR 图像斑点噪声抑制方法

4.2.1　网络结构

随着深度学习的不断发展，基于深度学习的 SAR 图像抑噪方法也得到广泛关注。本部分介绍基于 CNN 的 SAR 图像斑点噪声抑制方法，简称基于 CNN 的 SAR 图像抑噪方法。图 4-4 展示了该模型的整体结构。该方法的输入为带噪声图像。对输入图像完成 n 层的网络处理，其中包含一层输入层和一层输出层，中间处理过程包含 $n-2$ 层。中间处理过程包含多层卷积层和激活层的交替处理。另外，由于斑点噪声为乘性形式，将带噪声图像除以网络学习噪声，即可得到噪声抑制后的结果。将原始 SAR 图像合成仿真斑点噪声，将其作为网络的处理对象。随后，对合成 SAR 图像进行该网络的处理，可有效拟合仿真斑点噪声情况。其中，仿真斑点噪声与真实斑点噪声的统计特性是相似的。因此，推断该网络具备了学习真实斑点噪声的能力。

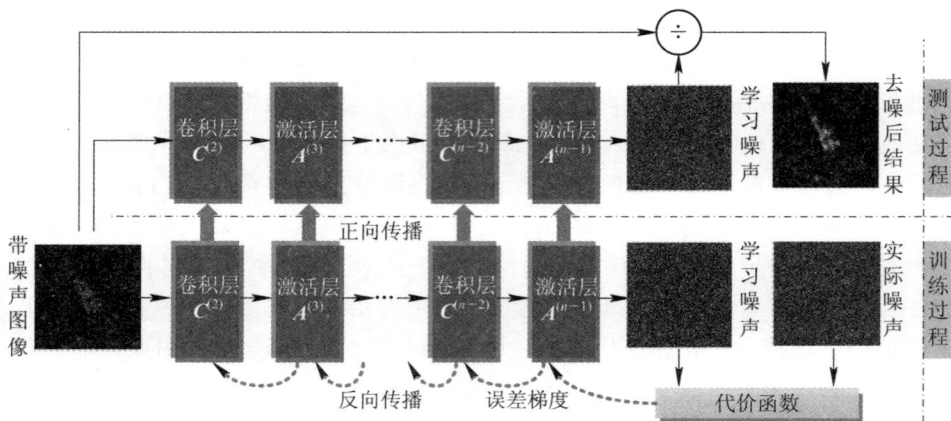

图 4 - 4　基于 CNN 的 SAR 图像斑点噪声抑制方法的网络结构

该网络参数的取值可通过后向传播方法训练得到。在训练过程中，该方法对正向传播得到的学习噪声与实际加入的仿真斑点噪声进行比较，求出损失结果；以损失函数最小化为目标，反向传播误差梯度，从而逐层进行网络参数的更新。经过多次正向、反向传播迭代处理，当损失函数值最小且趋于稳定时，训练结束，网络中的具体参数取值得以确定。

如图 4 - 4 所示，该网络包含多层卷积层，以 $\boldsymbol{C}^{(2)}$ 卷积层为例，输出特征图表示为

$$\boldsymbol{C}_j^{(2)} = \left[\sum_i \boldsymbol{I}_i \otimes \boldsymbol{K}_{i,j}^{(2)} \right] + b_j^{(2)} \tag{4-8}$$

其中，$\boldsymbol{I}$ 表示输入 SAR 图像。由于此处对单一 SAR 图像进行分析，即 $\boldsymbol{I}$ 仅包含一幅图像，但对于后续其他卷积层而言，输入的多幅特征图可通过下标 i 进行区分。$\boldsymbol{K}_{i,j}^{(2)}$ 表示第二层卷积层的第 j 个通道中的第 i 个卷积核，$b_j^{(2)}$ 表示第二层卷积层第 j 个通道对应的偏置，$\otimes$ 表示卷积处理。

根据式（4 - 8）可以看出本层的处理过程为：先对输入图像进行多个卷积核的卷积处理，之后将多个卷积处理结果求和，并与对应通道的偏置求和后作为该层第 j 个通道的输出特征图。

该网络中的卷积层均需要进行激活处理，而激处理可以增加网络的非线性

拟合能力。以第三层激活层为例，该层输出特征图表示为

$$A_j^{(3)} = \text{Activation}(\boldsymbol{C}_j^{(2)}) \qquad (4-9)$$

激活层对应为对上一层输出特征图进行逐像素的激活处理。当前典型的激活函数包括 Sigmoid 函数、Tanh 函数、ReLU 函数等。本章选用 ReLU 函数，相比于另外两个函数，ReLU 能更有效地避免梯度爆炸和梯度消失问题。

当网络正向传播到最后一层时，输出学习噪声，该输出表示为 $\boldsymbol{O}$。该网络的损失函数可设置为

$$L(\boldsymbol{Y}, \boldsymbol{O}) = \frac{1}{M}\sum_{m=1}^{M} J_m(\boldsymbol{\theta}; \boldsymbol{Y}, \boldsymbol{O}) = \frac{1}{M}\sum_{m=1}^{M}\left[\frac{1}{2PQ}\sum_{m=1}^{P}\sum_{j=1}^{Q}(\boldsymbol{Y}_{i,j} - \boldsymbol{O}_{i,j})^2\right]$$
$$(4-10)$$

其中，M 为单次训练过程中的样本数，$J_m(\boldsymbol{\theta}; \boldsymbol{Y}, \boldsymbol{O})$ 表示对第 m 个样本进行正向迭代得到的损失函数。可以看出，网络的整体代价为当前训练中所有训练样本的平均损失。此外，图像尺寸为 $P\times Q$，$\boldsymbol{\theta}$ 表示网络中参数的集合，包括卷积核与偏置参数。$\boldsymbol{Y}$ 为当前训练样本对应的噪声标签情况。式（4-10）中，$J_m(\boldsymbol{\theta}; \boldsymbol{Y}, \boldsymbol{O})$ 为二次损失函数，其为深度学习经典模型中常用的损失函数形式。

在此基础上，对损失函数求梯度，并使用负梯度方向更新网络参数 $\boldsymbol{\theta}$，运用梯度下降法进行网络参数更新。该更新过程可表示为

$$\begin{cases} \boldsymbol{K}_{i,j}^{(l)} - \gamma\dfrac{\partial J(\boldsymbol{\theta}; \boldsymbol{Y}, \boldsymbol{O})}{\partial \boldsymbol{K}_{i,j}^{(l)}} \to \boldsymbol{K}_{i,j}^{(l)} \\ b_j^{(l)} - \gamma\dfrac{\partial J(\boldsymbol{\theta}; \boldsymbol{Y}, \boldsymbol{O})}{\partial b_j^{(l)}} \to b_j^{(l)} \end{cases} \qquad (4-11)$$

其中，γ 为学习率，该值越小，更新速度越慢；该值过大可能导致网络损失发生振荡，难以收敛。根据式（4-11），网络的单次训练只针对 M 个训练样本展开，这类方法称为小批量梯度下降法（Mini-Batch Gradient Descent，MBGD），是在批量梯度下降法（Batch Gradient Descent，BGD）的基础上，考虑运用部分训练样本代替所有训练样本，从而减少训练花费的计算成本。

反向传播算法需要计算损失函数对某一待更新参数的梯度，以更新 $\boldsymbol{C}^{(n-2)}$ 中的权重 $b_j^{(n-2)}$ 为例，针对单一样本，该梯度计算方法表示为

$$\frac{\partial J(\boldsymbol{\theta}; \boldsymbol{Y}, \boldsymbol{O})}{\partial b_j^{(n-2)}} = \frac{\partial J(\boldsymbol{\theta}; \boldsymbol{Y}, \boldsymbol{O})}{\partial \boldsymbol{O}}\cdot\frac{\partial \boldsymbol{O}}{\partial \boldsymbol{C}^{(n-2)}}\cdot\frac{\partial \boldsymbol{C}^{(n-2)}}{\partial b_j^{(n-2)}} = \frac{\boldsymbol{O}}{PQ}\cdot\text{Activation}'[\boldsymbol{C}^{(n-2)}]$$
$$(4-12)$$

根据损失函数定义式（4-10），该损失函数对输出结果 $\boldsymbol{O}$ 求梯度，结果为输出结果 $\boldsymbol{O}$。此外，式（4-11）中 Activation$'[\cdot]$ 表示对激活函数 Activation$[\cdot]$ 求导的结果。以更新 $\boldsymbol{C}^{(n-2)}$ 中的权重 $\boldsymbol{K}_{i,j}^{(n-2)}$ 为例，针对单一样本，其梯度计算方

法为

$$
\frac{\partial J(\boldsymbol{\theta}; \boldsymbol{Y}, \boldsymbol{O})}{\partial \boldsymbol{K}_{i, j}^{(n-2)}} = \frac{\partial J(\boldsymbol{\theta}; \boldsymbol{Y}, \boldsymbol{O})}{\partial \boldsymbol{O}} \cdot \frac{\partial \boldsymbol{O}}{\partial \boldsymbol{C}^{(n-2)}} \cdot \frac{\partial \boldsymbol{C}^{(n-2)}}{\partial \boldsymbol{K}_{i, j}^{(n-2)}}
$$

$$
= \sum_{u, v} \left\{ \left[\frac{\boldsymbol{O}}{PQ} \cdot \text{Activation}'(\boldsymbol{C}^{(n-2)}) \right]_{u, v} \cdot \left[\boldsymbol{p}_i^{(n-3)} \right]_{u, v} \right\}
$$

$$(4-13)$$

其中，$\boldsymbol{p}_i^{(n-3)}$ 是 $n-3$ 层输出特征图在进行第 $n-2$ 层卷积处理时与 $\boldsymbol{K}_{i, j}^{(n-2)}$ 逐元素相乘的结果。在训练过程中，为了避免网络的过拟合，引入 Dropout 处理，即在每次训练过程中随机选取一部分卷积核停止工作，这样可以有效提升网络的泛化能力。此外，为了加快收敛速度，引入冲量 Momentum。对于与之前梯度方向一致的情况，Momentum 可增大参数变化程度，反之则减小。其参数更新方式可表示为

$$
\begin{cases}
\boldsymbol{V}_{\mathrm{d}K} := \chi \cdot \boldsymbol{V}_{\mathrm{d}K} - (1-\chi) \cdot \mathrm{d}\boldsymbol{K} \\
\boldsymbol{V}_{\mathrm{d}b} := \chi \cdot \boldsymbol{V}_{\mathrm{d}b} - (1-\chi) \cdot \mathrm{d}b \\
\boldsymbol{K} := \boldsymbol{K} - \gamma \cdot \boldsymbol{V}_{\mathrm{d}K} \\
b := b - \gamma \cdot \boldsymbol{V}_{\mathrm{d}b}
\end{cases}
\qquad (4-14)
$$

其中，χ 为冲量取值，$\boldsymbol{V}_{\mathrm{d}K}$ 和 $\boldsymbol{V}_{\mathrm{d}b}$ 表示权重、偏置更新过程累积的动量和，$\mathrm{d}\boldsymbol{K}$ 和 $\mathrm{d}b$ 表示权重、偏置的梯度，即对权重和偏置进行求导处理。

所提的斑点噪声抑制处理的伪代码如图 4-5 所示。该抑噪处理的输入为带有斑点噪声的待处理 SAR 图像。经过 CNN 模型的学习后，网络输出为学习噪声。随后用输入带有斑点噪声的图像除以学习噪声，即可得到抑噪处理的结果。

```
Input: I 是带有斑点噪声的待处理 SAR 图像
       Layer 是抑噪网络的网络层数

begin
        Index ← 1
        F_Index ← I
        while  Index ≠ Layer + 1 do
                F_Index+1 ← Conv(F_Index)
                F_Index+1 ← ReLU(F_Index)
                Index ← Index + 1
        end
        O_Despeckle ← I / F_Index
        return  O_Despeckle
end
```

图 4-5 斑点噪声抑制处理的伪代码

4.2.2　网络超参数设计

为了确定基于 CNN 的 SAR 图像斑点噪声抑制方法中的具体超参数设计情况，可对该模型进行消融实验，并以此作为网络超参数确定的方法范例。消融实验是指在固定其他超参数情况下，改变某单一超参数，训练得到多组网络，并对多组网络进行同样测试数据的斑点噪声抑制效果的比较，最终确定拥有最优性能的网络所对应的该项超参数取值，该值即该项超参数的最优设置。根据该方法分别确定所搭建网络中卷积层层数、卷积核个数、卷积核尺寸、Momentum、Dropout 系数的超参数最优设计。

在消融实验中，将服从 $L=0.2$、1、2 的 Gamma 分布的随机噪声与俯仰角为 17°的 MSTAR 数据合成，作为训练样本，构成训练数据集，并将服从 $L=0.2$、0.5、0.8、1、1.2、1.5、1.8、2、3、5、10、20、40、80 的 Gamma 分布的随机噪声与俯仰角为 15°的 MSTAR 数据进行合成，作为测试样本，构成测试数据集。

1. 卷积层层数

本部分讨论卷积层层数的最优设置。表 4-1 展示了四组网络的超参数设置情况。可以明显看出，在四组情况中，卷积层层数有差异，每层卷积核个数固定在 6 和 36 两种情况，其他超参数设计情况完全一致。为保证网络不会因复杂度过高而引起过拟合，卷积层层数最大设置为 5 层，这与包括 AlexNet 等在内的经典 CNN 识别模型的卷积层层数比较接近。抑噪网络卷积层层数消融实验结果对比如图 4-6 所示。

表 4-1　抑噪网络卷积层层数消融实验的网络超参数设置

网络索引	层数	卷积核个数	卷积核尺寸	Momentum	Dropout 系数
Case-Layer1	2	6, 6	3×3	0.95	0.5
Case-Layer2	3	6, 36, 6	3×3	0.95	0.5
Case-Layer3	4	6, 36, 36, 6	3×3	0.95	0.5
Case-Layer4	5	6, 36, 36, 36, 6	3×3	0.95	0.5

根据图 4-6 所示的结果可以看出，当网络卷积层层数为 Case-Layer3 对应的 4 层时，抑噪效果最优。特别地，当 $L=0.2$ 时，Case-Layer3 的 |B| 值最小，且取值较大的 Case-Layer2 在其基础上上涨 35.11%；Case-Layer3 的

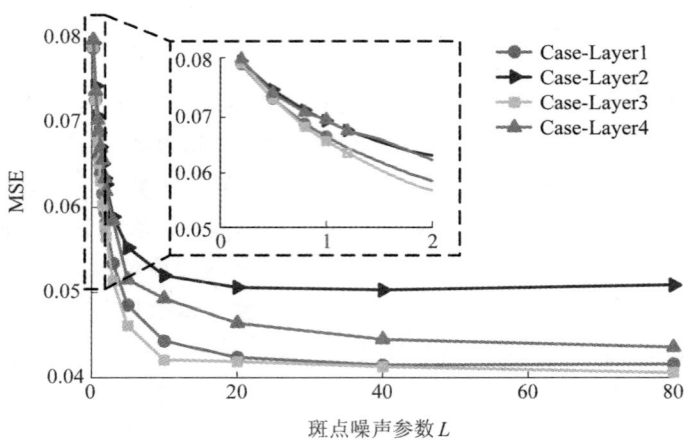

(a) MSE

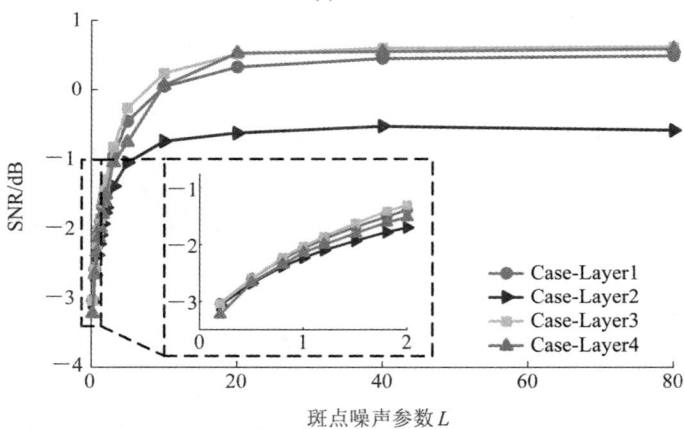

(b) SNR

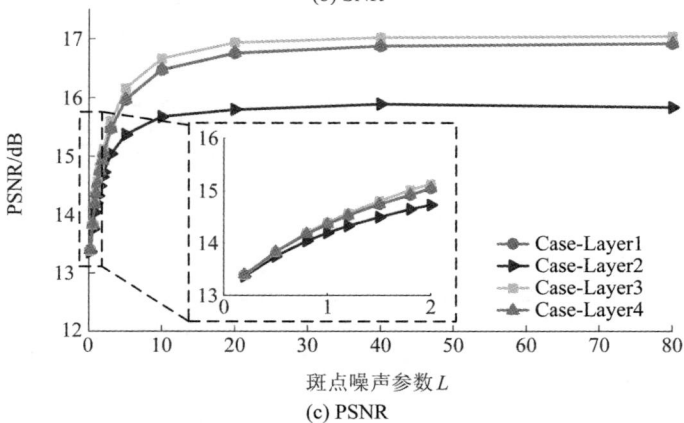

(c) PSNR

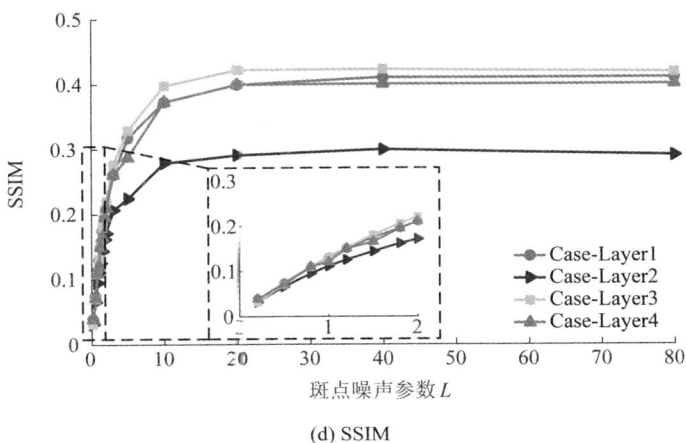

(d) SSIM

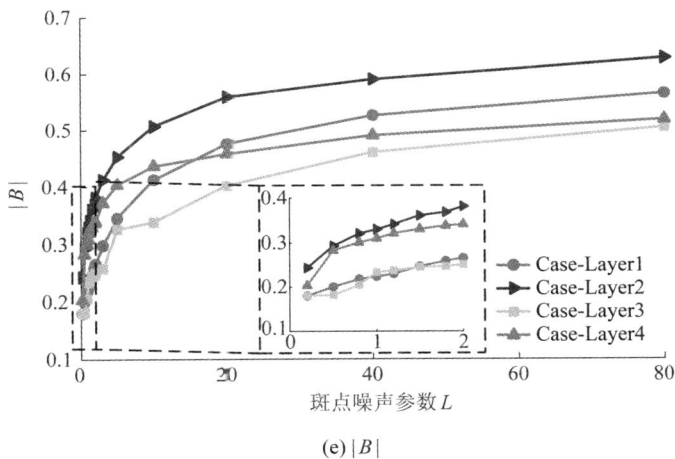

(e) |B|

图 4 - 6　抑噪网络卷积层层数消融实验结果对比

SSIM 最大，且取值较小的 Case-Layer2 在其基础上下降了 1.27%。另外，当 $L=80$ 时，Case-Layer3 的 MSE 值最小，Case-Layer2 在其基础上上涨 25.37%；Case-Layer3 的 PSNR 最大，Case-Layer2 在其基础上下降了 7.07%。因此，斑点噪声抑制网络的卷积层层数采用 4 层。

2. 卷积核个数

本部分讨论抑噪网络卷积核个数的最优设置。表 4 - 2 展示了四组网络的超参数设置情况。可以明显看出，在四组设置情况中，仅网络卷积核个数有差异，其他超参数完全一致。为了保证网络不会因复杂度过高而引起过拟合，设置的卷积核个数较少。单层卷积核个数最多达到 144，在经典网络模型设置所在范围内。抑噪网络卷积核个数消融实验结果对比如图 4 - 7 所示。

表 4 - 2　抑噪网络卷积核个数消融实验的网络超参数设置

网络索引	层数	卷积核个数	卷积核尺寸	Momentum	Dropout 系数
Case-KernelNum1	4	4, 16, 16, 4	3×3	0.95	0.5
Case-KernelNum2	4	6, 36, 36, 6	3×3	0.95	0.5
Case-KernelNum3	4	8, 64, 64, 8	3×3	0.95	0.5
Case-KernelNum4	4	12, 144, 144, 12	3×3	0.95	0.5

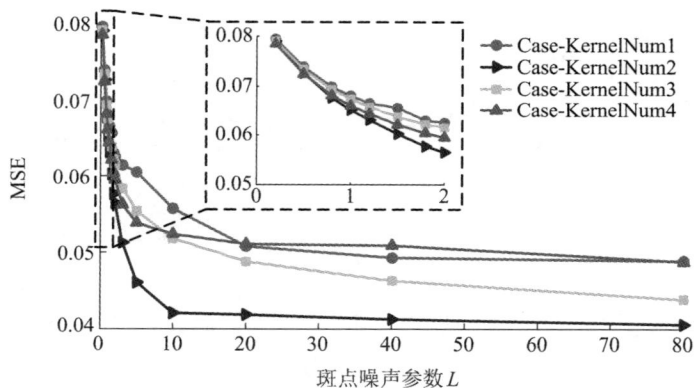

(a) MSE

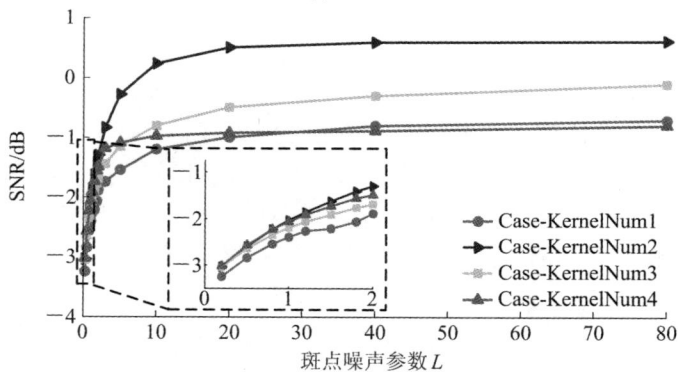

(b) SNR

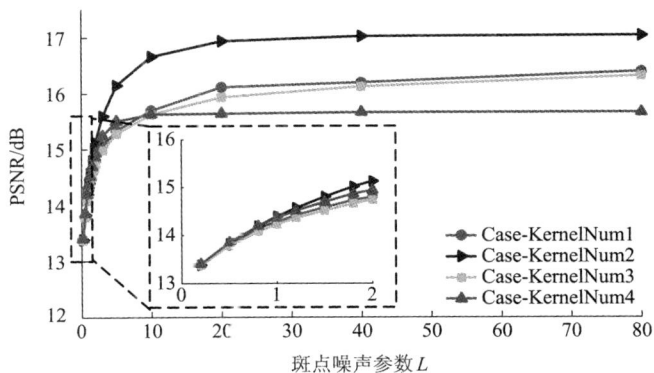

(c) PSNR

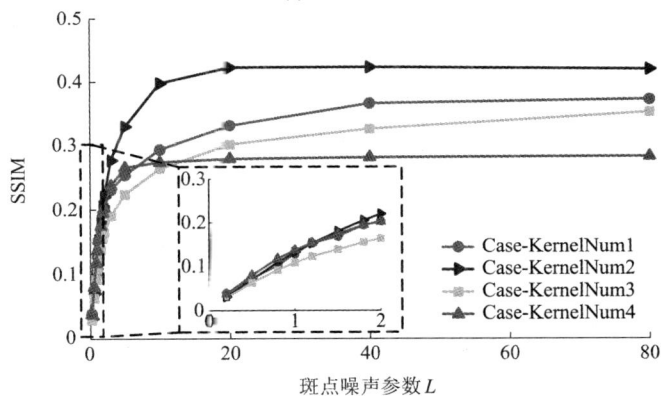

(d) SSIM

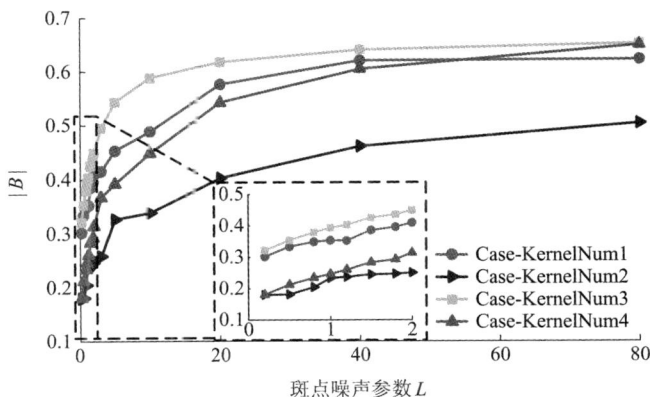

(e) |B|

图 4 - 7　抑噪网络卷积核个数消融实验结果对比

根据图 4 - 7 所示的结果可以看出，当抑噪网络卷积核个数设计为 Case-KernelNum2 的 6，36，36，6 时，抑噪效果有明显的优势。特别地，当 $L=0.2$ 时，Case-KernelNum2 的 $|B|$ 值最小，其他情况至少高于 Case-KernelNum2 的 78.42%；Case-KernelNum2 的 SSIM 最大，其他情况至少低于 Case-KernelNum2 的 6.69%。当 $L=80$ 时，Case-KernelNum2 的 MSE 值最小，其他情况至少高于 Case-KernelNum2 的 8.13%；Case-KernelNum2 的 PSNR 最大，其他情况至少低于 Case-KernelNum2 的 4.23%。因此，基于 CNN 的 SAR 图像斑点噪声抑制方法卷积核个数采用 Case-KernelNum2 的 6，36，36，6。

3. 卷积核尺寸

本部分讨论抑噪网络卷积核尺寸的最优设置。表 4 - 3 展示了四组网络的参数设置情况。可以明显看出，在四组设置中，仅卷积核尺寸有差异，其他超参数设计情况完全一致，且本实验设计的不同卷积核尺寸均与典型 CNN 模型接近。抑噪网络卷积核尺寸消融实验结果对比如图 4 - 8 所示。

表 4 - 3 抑噪网络卷积核尺寸消融实验的网络超参数设置

网络索引	层数	卷积核个数	卷积核尺寸	Momentum	Dropout 系数
Case-KernelSize1	4	6，36，36，6	2×2	0.95	0.5
Case-KernelSize2	4	6，36，36，6	3×3	0.95	0.5
Case-KernelSize3	4	6，36，36，6	5×5	0.95	0.5
Case-KernelSize4	4	6，36，36，6	7×7	0.95	0.5

根据图 4 - 8 所示的结果可以看出，当卷积核尺寸设计为 Case-KernelSize2 情况下的 3×3 时，抑噪效果最优。例如，当 $L=0.2$ 时，Case-KernelSize2 的 $|B|$ 值最小，其他情况下的 $|B|$ 至少在此基础上提升了 46.92%；此外，Case-KernelSize2 的 SSIM 值最大，其他情况至少在此基础上减小了 9.24%。当 $L=80$ 时，Case-KernelSize2 的 MSE 值最小，其他情况至少在此基础上提升了 15.02%；此外，Case-KernelSize2 的 SNR 值最大，其他情况至少在此基础上减小了 25.15%。因此，基于 CNN 的 SAR 图像抑噪方法中卷积核尺寸采用 3×3 的结构。

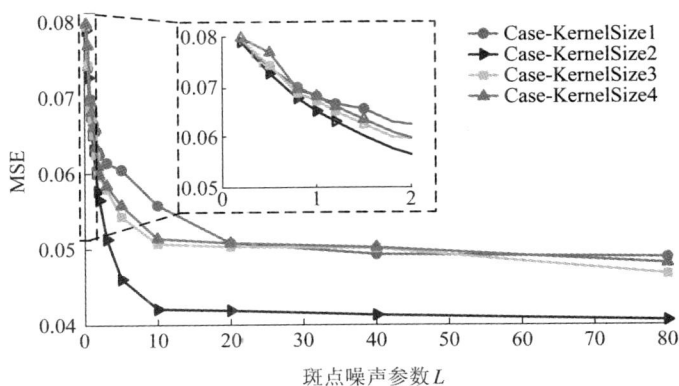

(a) MSE

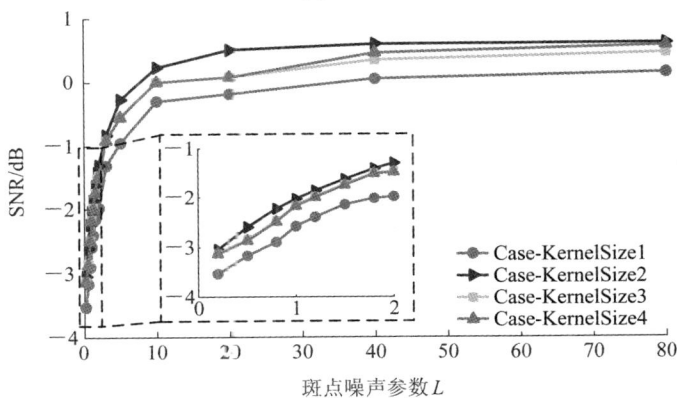

(b) SNR

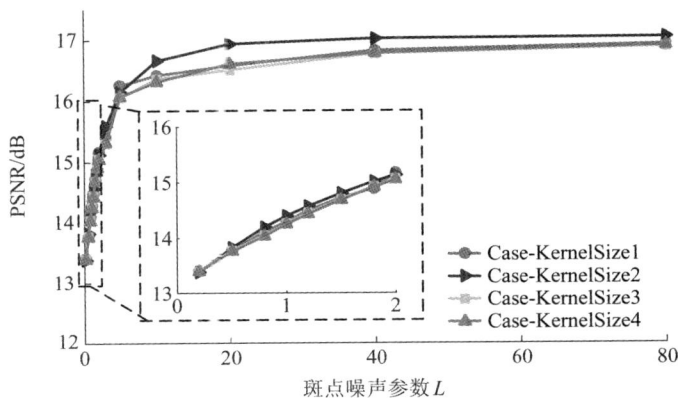

(c) PSNR

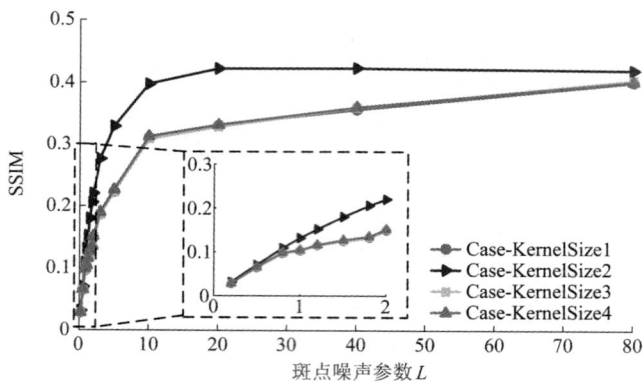

(d) SSIM

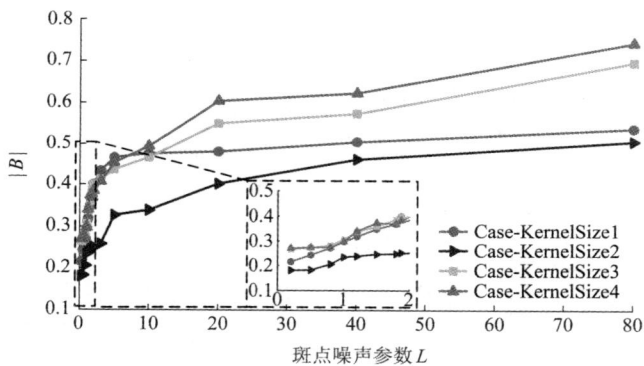

(e) |B|

图 4-8　抑噪网络卷积核尺寸消融实验结果对比

4. Momentum

本部分讨论 Momentum 的最优设置。表 4-4 展示了四组网络的参数设置情况。可以明显看出，在四组设置中，仅 Momentum 有差异，其他超参数设计完全一致。并且，Momentum 需设置在 0~1 范围内。抑噪网络 Momentum 消融实验结果对比如图结果 4-9 所示。

表 4-4　抑噪网络 Momentum 消融实验的网络超参数设置

网络索引	层数	卷积核个数	卷积核尺寸	Momentum	Dropout 系数
Case-Momentum1	4	6，36，36，6	3×3	0.95	0.5
Case-Momentum2	4	6，36，36，6	3×3	0.8	0.5
Case-Momentum3	4	6，36，36，6	3×3	0.7	0.5
Case-Momentum4	4	6，36，36，6	3×3	0.5	0.5

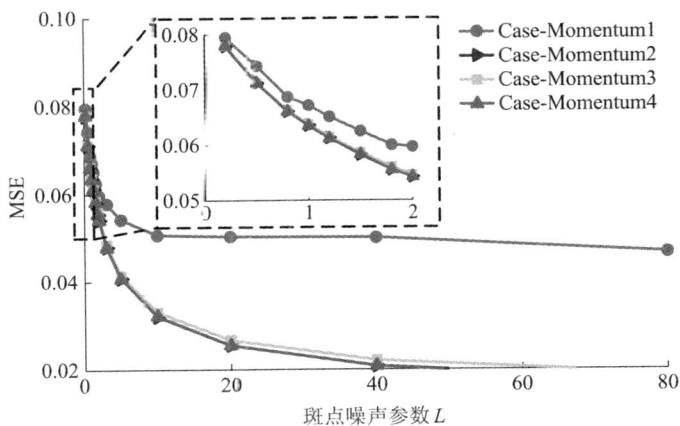

(a) MSE

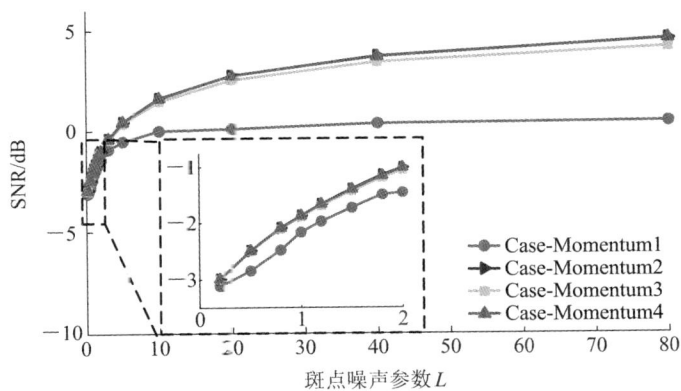

(b) SNR

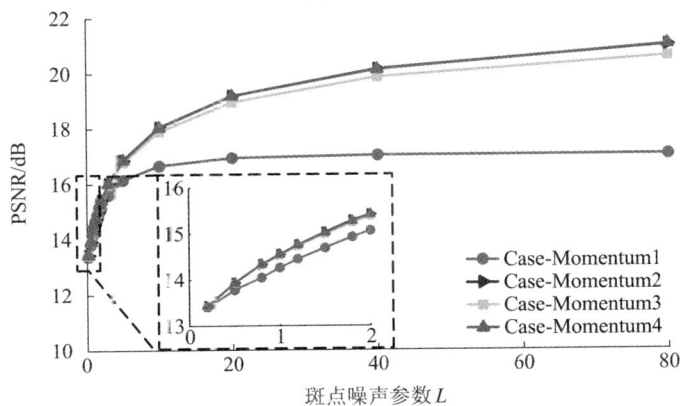

(c) PSNR

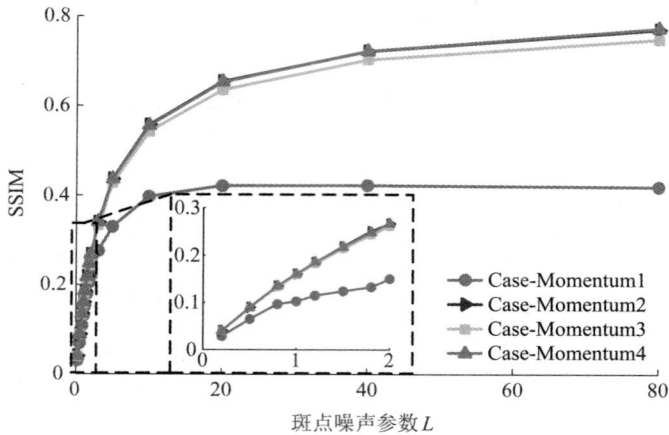

(d) SSIM

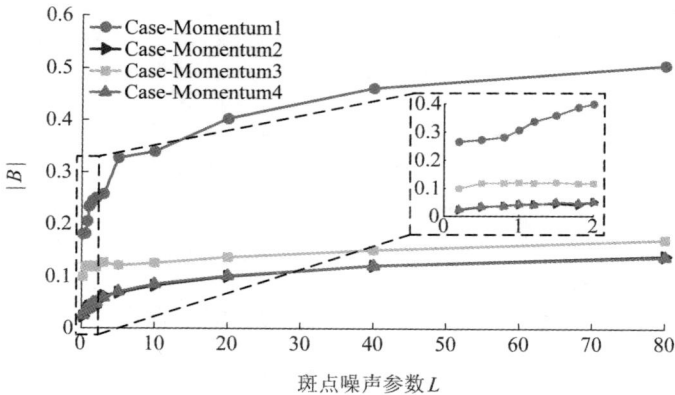

(e) |B|

图 4-9 抑噪网络 Momentum 消融实验结果对比

根据图 4-9 所示结果可以看出，Case-Momentum2 和 Case-Momentum4 的抑噪效果明显优于另外两组情况。尤其在 Case-Momentum1 设置下，抑噪效果最差。当 $L=80$ 时，其他三组情况的 MSE 值仅为 Case-Momentum1 的 27.43%、33.60%、27.08%。因此，基于 CNN 的 SAR 图像抑噪方法的 Momentum 采用 0.8 的结构。

5. Dropout 系数

本部分讨论 Dropout 系数的最优设置。表 4-5 展示了四组网络的参数设置情况。可以明显看出，在四组情况中，仅 Dropout 系数有差异，其他超参数

设计情况完全一致。并且，Dropout 系数需在 0～1 范围内选取。抑噪网络
Dropout 系数消融实验结果对比如图 4-10 所示。

表 4-5　抑噪网络 Dropout 系数消融实验的网络超参数设置

网络索引	层数	卷积核个数	卷积核尺寸	Momentum	Dropout 系数
Case-Dropout1	4	6，36，36，6	3×3	0.8	0.3
Case-Dropout2	4	6，36，36，6	3×3	0.8	0.5
Case-Dropout3	4	6，36，36，6	3×3	0.8	0.6
Case-Dropout4	4	6，36，36，6	3×3	0.8	0.8

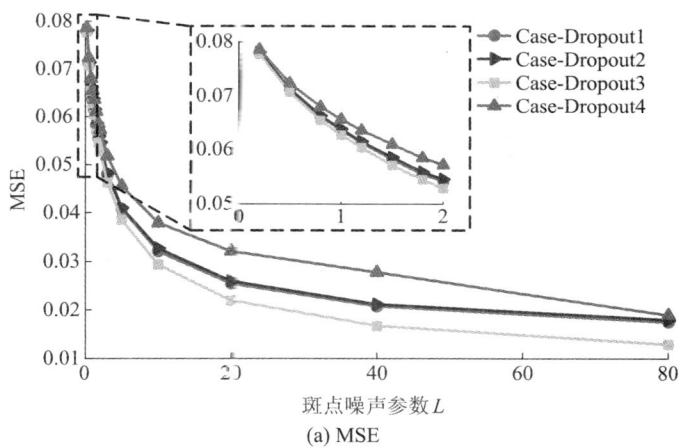

(a) MSE

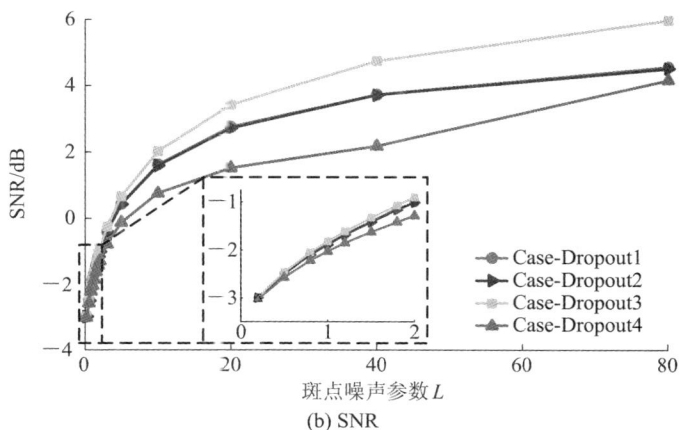

(b) SNR

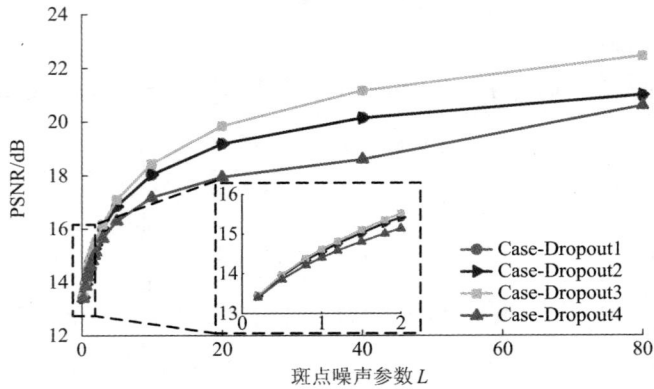

(c) PSNR

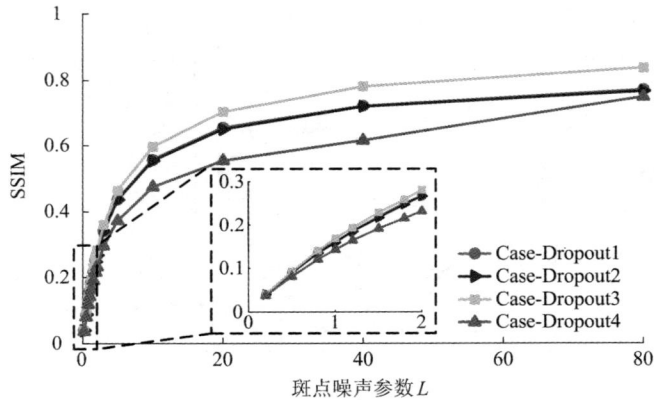

(d) SSIM

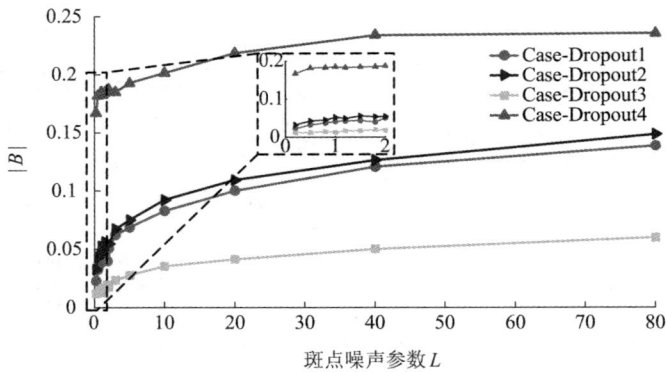

(e) |B|

图 4-10　抑噪网络 Dropout 系数消融实验结果对比

根据图 4 - 10 所示的结果可以看出，当 Dropout 系数设置为 Case-Dropout3 情况下的 0.6 时，抑噪效果最优。当 $L=0.2$ 时，Case-Dropout3 的 $|B|$ 值最小，其他情况在此基础上至少高出 63.61%；Case-Dropout3 的 SSIM 值最大，其他情况在此基础上至少小 2.25%。此外，当 $L=80$ 时，Case-Dropout3 的 MSE 值明显最小，其他情况在此基础上至少超出该值的 28.33%；Case-Dropout3 的 PSNR 值明显最大，其他情况在此基础上至少下降 6.43%。因此，基于 CNN 的 SAR 图像的斑点噪声抑制方法 Dropout 系数选择 0.6。

根据以上分析，基于 CNN 的 SAR 图像斑点噪声抑制方法的超参数设置情况如表 4 - 6 所示。

表 4 - 6　基于 CNN 的 SAR 图像斑点抑噪方法的超参数设置

超参数	层数	卷积核个数	卷积核尺寸	Momentum	Dropout 系数
最优取值	4	6，35，36，6	3×3	0.8	0.6

4.3　实验与分析

4.3.1　数据集建立

为了验证基于 CNN 的 SAR 图像斑点噪声抑制方法的有效性，首先需要构建相应的训练数据集和测试数据集。图 4 - 11 为抑噪网络数据集构建示意图。本节分别针对 MSTAR 和 OpenSARShip 数据建立基于地面和海上目标的训练数据集和测试数据集。基于 MSTAR 数据集建立训练数据集的具体过程如下：

（1）将 MSTAR 公开 SAR 数据中俯仰角为 17°的 2746 个样本进行固定大小的切片截取，保证每个切片的大小为 88×88。

（2）通过蒙特卡洛仿真方法，分别生成服从参数为 $L=0.2$、1、2 的大小为 88×88 Gamma 分布的随机噪声矩阵，且每个参数下分别包含 2746 组噪声矩阵。所有噪声矩阵构成噪声数据集，作为网络训练中的标签。

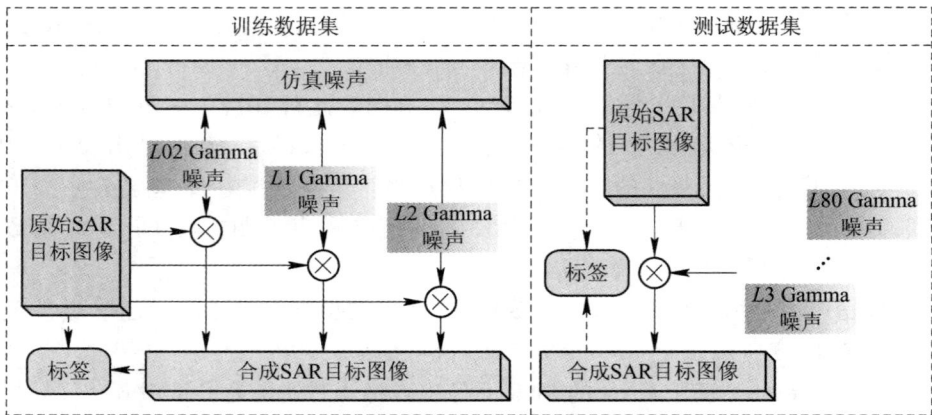

图 4 - 11　抑噪网络数据集构建示意图

（3）将每个原始 SAR 目标图像切片分别与三组参数不同的噪声矩阵逐像素相乘，得到三组带噪声的合成 SAR 目标图像。

在建立测试数据集的过程中，同样裁剪原始 SAR 目标图像，使其尺寸为 88×88，样本个数为 2425 组。另外，仿真生成参数为 $L=0.2$、0.5、0.8、1、1.2、1.5、1.8、2、3、5、10、20、40、80 的 Gamma 分布的随机斑点噪声矩阵，每组噪声矩阵再通过蒙特卡洛仿真方法处理，生成 2425 组同样尺寸的仿真噪声数据。其他过程与训练数据集的生成过程一致。至此，以 MSTAR 数据集为基础建立了训练数据集和测试数据集。

此外，从 OpenSARShip 数据集中随机选取 1200 个原始 SAR 目标图像。截取图像切片，保证每幅 SAR 目标图像大小均为 88×88，并以同样的方式构建训练数据集和测试数据集。其中，用于生成训练数据集的原始 SAR 图像共 900 个，用于生成测试数据集的原始 SAR 目标图像共 300 个。

为了进行区分，分别将基于 MSTAR 数据建立的训练数据集中的合成 SAR 目标图像、训练数据集中的标签、测试数据集中的合成 SAR 目标图像命名为 DataM-Train、DataM-Noise、DataM-Test；将基于 OpenSARShip 数据建立的训练数据集中的合成 SAR 目标图像、训练数据集中的标签、测试数据集中的合成 SAR 目标图像命名为 DataO-Train、DataO-Noise、DataO-Test。具体训练数据集和测试数据集的构成情况如表 4 - 7 和表 4 - 8 所示。

表 4 - 7 基于 MSTAR 数据建立的训练数据集和测试数据集

数据集类别	数据集名称		说　明
训练数据集	DataM-Train	DataM-Train-L02	以大小为 88×88 的 MSTAR 地面车辆 SAR 目标切片图像为基础，对其中的每幅图像添加服从 $L=0.2$ 的 Gamma 分布噪声，生成合成 SAR 目标图像
		DataM-Train-L1	以大小为 88×88 的 MSTAR 地面车辆 SAR 目标切片图像为基础，对其中的每幅图像添加服从 $L=1$ 的 Gamma 分布噪声，生成合成 SAR 目标图像
		DataM-Train-L2	以大小为 88×88 的 MSTAR 地面车辆 SAR 目标切片图像为基础，对其中的每幅图像添加服从 $L=2$ 的 Gamma 分布噪声，生成合成 SAR 目标图像，构成训练样本
	DataM-Noise	DataM-Noise-L02	DataM-Train-L02 中的噪声矩阵，即标签
		DataM-Noise-L1	DataM-Train-L1 中的噪声矩阵，即标签
		DataM-Noise-L2	DataM-Train-L2 中的噪声矩阵，即标签
测试数据集	DataM-Test	DataM-Test-Lk	以大小为 88×88 的 MSTAR 地面车辆 SAR 目标切片图像为基础，对其中的每幅图像添加服从不同 L 值的 Gamma 分布噪声，生成合成 SAR 目标图像，构成训练样本，其中，$L=0.2$、0.5、0.8、1、1.2、1.5、1.8、2、3、5、10、20、40、80

表 4 - 8　基于 Sentinel-1 数据建立的训练数据集和测试数据集

数据集类别	数据集名称		说　明
训练数据集	DataO-Train	DataO-Train-$L02$	以大小为 88×88 的 OpenSARShip 海上舰船 SAR 目标切片图像为基础，对其中的每幅图像添加服从 $L=0.2$ 的 Gamma 分布噪声，生成合成 SAR 目标图像
		DataO-Train-$L1$	以大小为 88×88 的 OpenSARShip 海上舰船 SAR 目标切片图像为基础，对其中的每幅图像添加服从 $L=1$ 的 Gamma 分布噪声，生成 SAR 目标合成图像
		DataO-Train-$L2$	以大小为 88×88 的 OpenSARShip 海上舰船目标切片图像为基础，对其每幅图像添加服从 $L=2$ 的 Gamma 分布噪声，生成 SAR 目标合成图像
	DataO-Noise	DataO-Noise-$L02$	DataO-Train-$L02$ 中的噪声矩阵，即标签
		DataO-Noise-$L1$	DataO-Train-$L1$ 中的噪声矩阵，即标签
		DataO-Noise-$L2$	DataO-Train-$L2$ 中的噪声矩阵，即标签
测试数据集	DataO-Test	DataO-Test-Lk	以大小为 88×88 的 OpenSARShip 海上舰船 SAR 目标切片图像为基础，对其中的每幅图像添加服从不同 L 值的 Gamma 分布噪声，生成 SAR 目标合成图像，其中，$L=$ 0.2、0.5、0.8、1、1.2、1.5、1.8、2、3、5、10、20、40、80

　　图 4 - 12 展示了 DataM-Test 和 DataO-Test 中的样本示例。可以看出，随着 L 值的增加，即噪声水平的减弱，合成 SAR 目标图像与原始合成 SAR 目标图像的质量越来越接近，即斑点噪声的影响越来越小。

　　DataM-Test 与 DataO-Test 数据集图像质量情况如图 4 - 13 所示。

　　由图 4 - 13 可以明显看出，随着 L 值的增加（即斑点噪声的减小），MSE 逐渐减小，SNR、PSNR、SSIM 值逐渐增加。两数据集的图像质量在 MSE、PSNR、SSIM 指标评价下比较接近，仅在 SNR 指标下显示出 DataM-Test 数据集图像质量优于 DataO-Test。其中，从 MSE 的定义（式（2 - 40））可以看出，

(a) DataM-Test数据集中的图像　　　　(b) DataO-Test数据集中的图像

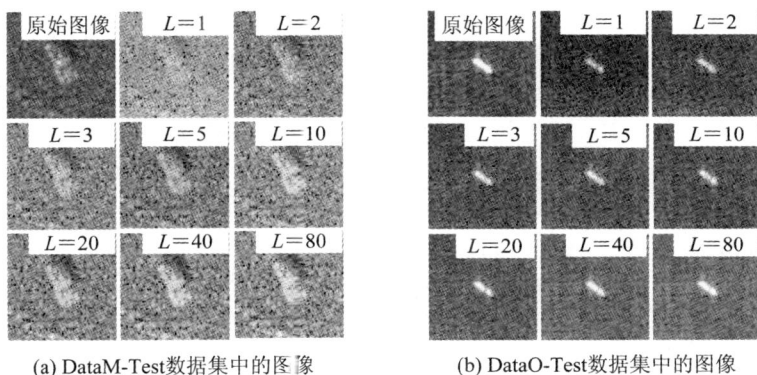

图 4 - 12　受不同水平斑点噪声影响的 SAR 目标图像情况

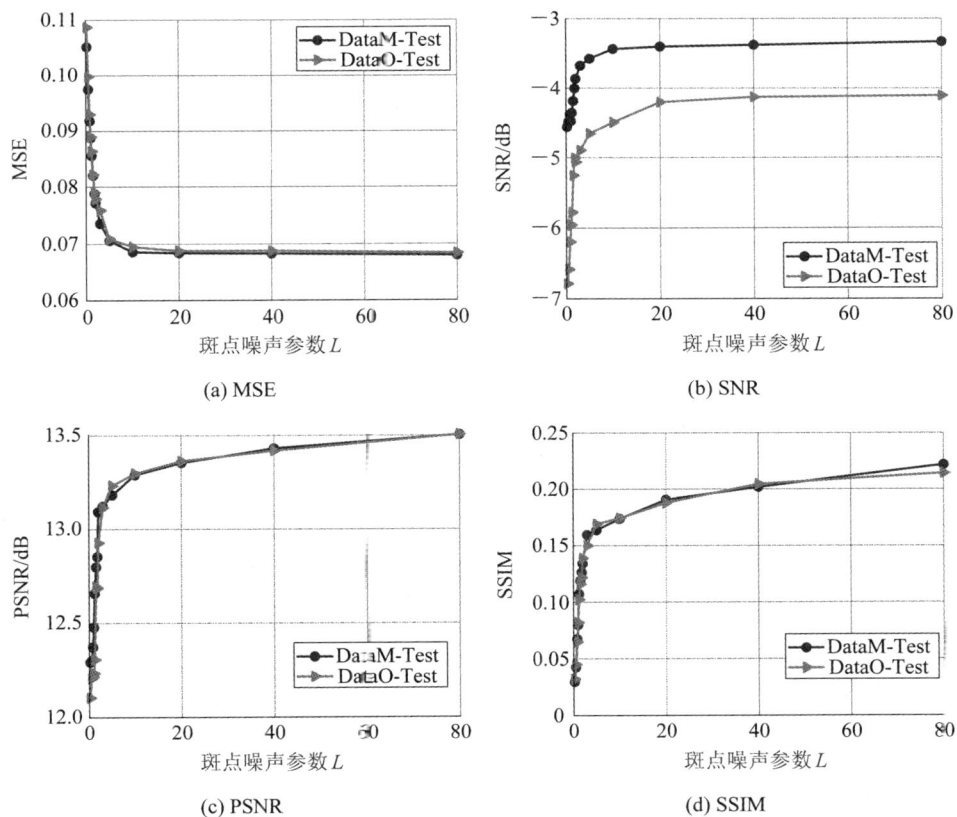

(a) MSE　　　　　　　　　　　　　(b) SNR

(c) PSNR　　　　　　　　　　　　(d) SSIM

图 4 - 13　DataM-Test 与 DataO-Test 数据集图像质量情况

两个数据集对应的 MSE 比较接近，说明在合成噪声前后的平均差异比较接近。从 PSNR 定义(式(2-42))可以看出，当 MSE 比较接近时，参考图像峰值接近，则可以保证 PSNR 比较接近。此外，SSIM 指标反映图像的结构相似度，两数据集对应的 SSIM 接近，说明合成噪声前后的结构相似度比较接近。此外，求出 DataM-Test 和 DataO-Test 所对应参考图像的平均方差分别为 0.0455 和 0.0034，即 DataM-Test 的原始图像方差大于 DataO-Test。从 SNR 定义式可以看出，当 MSE 比较接近时，方差的差异会导致 SNR 不同。正因如此，DataM-Test 的 SNR 大于 DataO-Test 的 SNR。

4.3.2 噪声抑制效果分析

本部分对基于 CNN 的 SAR 图像斑点噪声抑制方法的抑噪性能进行分析，主要讨论相同的 SAR 目标合成图像、相异的 SAR 目标合成图像、无仿真斑点噪声的原始 SAR 目标图像三种情况，重点比较基于 CNN 的 SAR 图像抑噪方法与传统斑点噪声抑制方法在不同噪声水平下的噪声抑制效果，从而验证所提方法的有效性。其中，传统方法包括中值滤波、维纳滤波、Lee 滤波、Frost 滤波、TNNM 模型、POTDF 模型。

1. 相同的 SAR 目标合成图像

本部分利用不同方法对 DataM-Test 中的样本进行斑点噪声抑制处理，比较各个方法的抑噪效果。首先，从视觉角度观察多个噪声抑制方法对不同质量的同一幅 SAR 图像的抑噪效果，结果如图 4-14 所示。

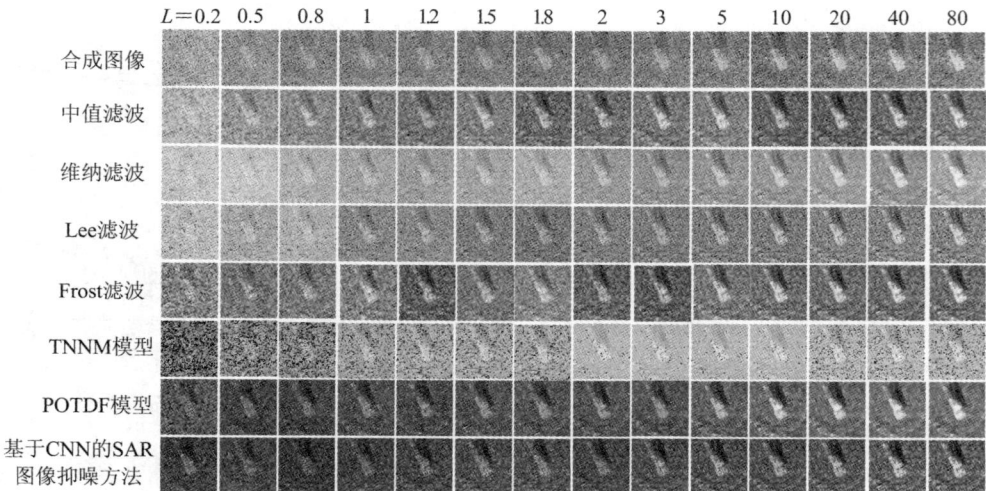

图 4-14 DataM-Test 图像噪声抑制效果直观对比

对图分析可知：

(1) 单独观察某一斑点噪声抑制处理的结果，随着 L 值的增加（即待处理图像中斑点噪声水平的降低），噪声抑制后图像的成像质量有所提升，这与带噪声图像的质量变化趋势完全一致。

(2) 比较观察多组噪声抑制后的图像质量，可以明显看出基于 CNN 的 SAR 图像抑噪方法的抑噪效果最优。维纳滤波结果显示图像中目标区域与背景杂波区域对比度较小，可能影响后续目标检测与识别处理。中值滤波、TNNM 模型、POTDF 模型抑噪后图像更平滑。其中，中值滤波以及 POTDF 模型中的子块排序处理均为典型的图像平滑处理。而经过 TNNM 模型处理后，图像平滑明显，证明该方法中的截断 l_p 正则化项的作用并不显著，即未完成恢复边缘信息并减少伪影的任务。另外，Lee 滤波、Frost 滤波以及基于 CNN 的 SAR 图像抑噪方法均可保留一些目标的细节信息。但基于 CNN 的 SAR 图像抑噪方法在强斑点噪声情况下的抑噪效果优势更加明显，这是由于 Lee 滤波、Frost 滤波需要根据图像中的局部统计信息确定滤波参数。在受强斑点噪声影响的 SAR 目标图像中，目标区域的信息损失明显，这导致滤波参数也受到影响。所以，Lee 滤波、Frost 滤波对强斑点噪声影响的 SAR 目标图像作用并不明显。这两种方法的抑噪效果明显不及基于 CNN 的 SAR 图像抑噪方法。

(3) 重点观察 $L<2$ 的强斑点噪声影响情况，可以看出，相比于传统方法，基于 CNN 的 SAR 图像抑噪方法具有明显优势。特别地，当 $L=0.2$ 时，传统方法难以恢复目标区域信息，但运用基于 CNN 的 SAR 图像抑噪方法进行处理后，图像质量有明显提升。这是由于生成训练数据集时，选择了较小的 L 值，增强了基于 CNN 的 SAR 图像抑噪方法对强斑点噪声的适应性。

此外，运用 MSE、SNR、PSNR、SSIM，$|B|$ 进行斑点噪声抑制效果的客观统计分析。对测试数据集分别进行多个方法的噪声抑制处理，并运用上述指标评价每组抑制处理结果，如图 4-15 所示。

(1) MSE 作为评价指标如图 4-15(a) 所示。随着 L 值的增加（即加入斑点噪声水平减弱），不同方法斑点噪声抑制处理后的 MSE 值均减小，图像质量有明显提升。基于 CNN 的 SAR 图像抑噪方法的 MSE 始终保持较低水平。在 $L<2$ 情况下，中值滤波的 MSE 与基于 CNN 的 SAR 图像抑噪方法值较为接近且相对较小，分别小于 0.0778 以及 0.0777。在 $L>2$ 情况下，TNNM 模型处理效果与基于 CNN 的 SAR 图像抑噪方法最为接近：当 $L=80$ 时，两种方法的 MSE 均为 0.0129。

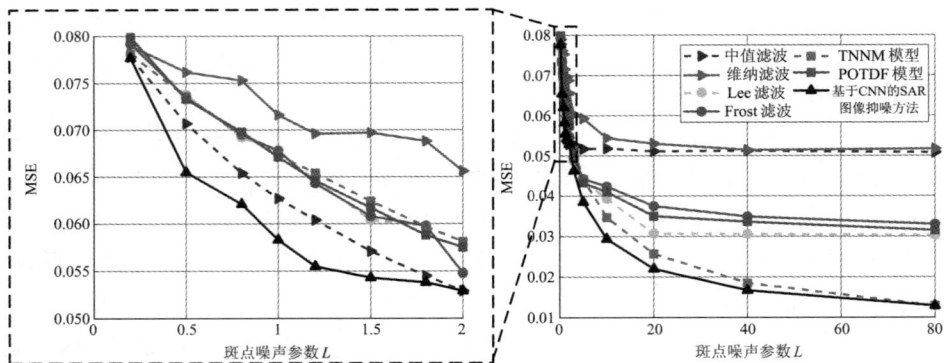

(a) MSE

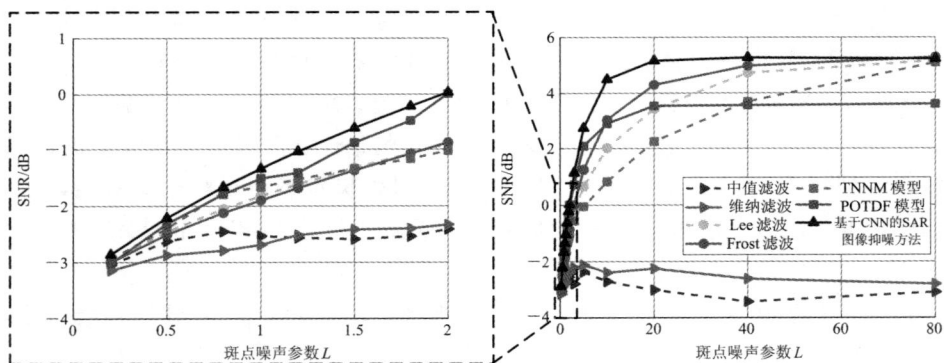

(b) SNR

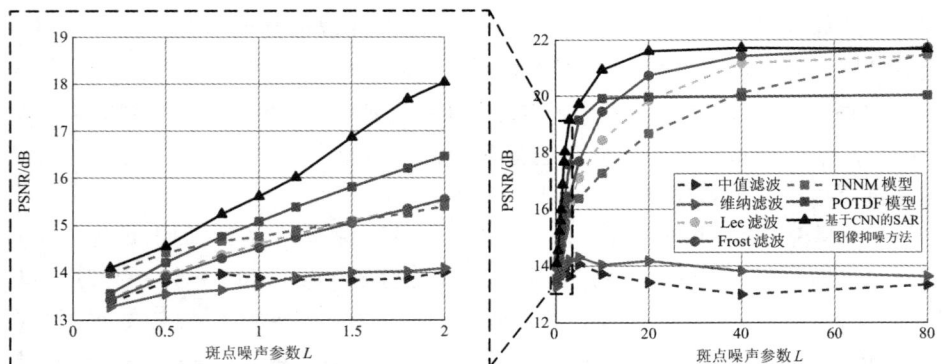

(c) PSNR

(d) SSIM

(e) |B|

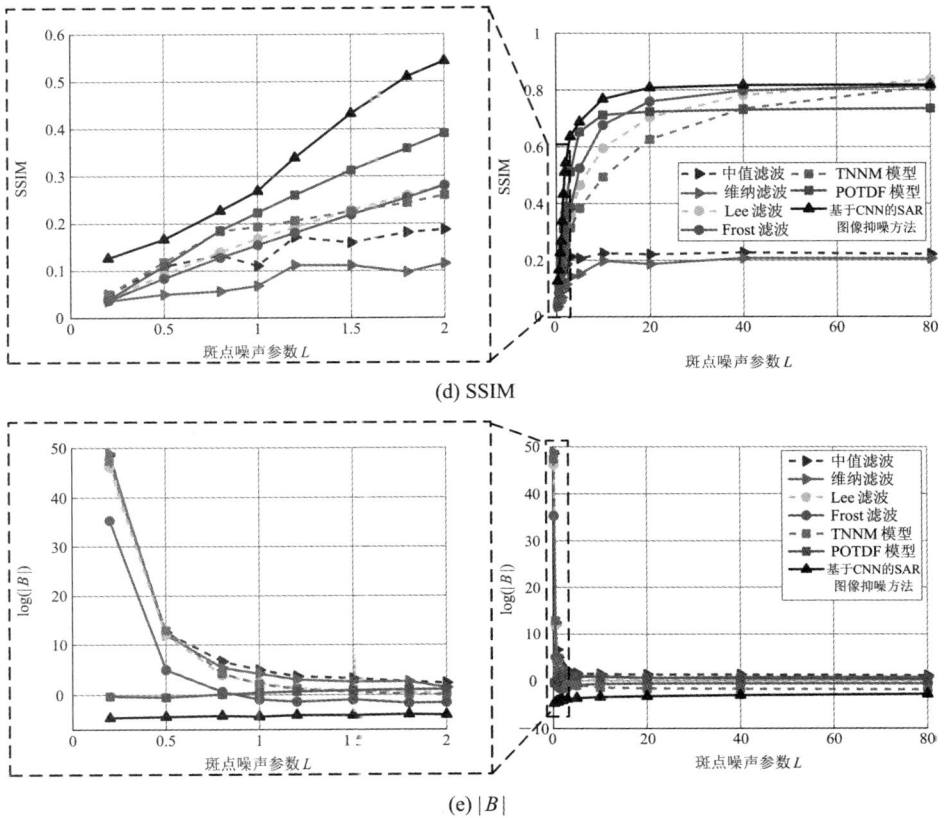

图 4-15　DataM-Test 图像噪声抑制效果的对比

（2）SNR 作为评价指标如图 4-15(b)所示。随着 L 值的增加（即加入斑点噪声水平减弱），不同方法处理后的 SNR 值均增加，斑点噪声抑制效果明显。其中，基于 CNN 的 SAR 图像抑噪方法 SNR 取值均较大，处理效果相对更优。当 $0.2 < L < 2$ 时，基于 CNN 的 SAR 图像抑噪方法的 SNR 保持最高水平，均大于 -2.8632 dB，且 POTDF 与之最接近；当 $L > 2$ 时，基于 CNN 的 SAR 图像抑噪方法的 SNR 依然保持最高水平，均大于 0.0356 dB，仅 Lee 滤波和 Frost 滤波效果与之最接近。

（3）PSNR 作为评价指标如图 4-15(c)所示。随着 L 值的增加（即加入斑点噪声水平减弱），不同方法处理后 PSNR 的值均增加，斑点噪声抑制效果明显。当 $L < 2$ 时，基于 CNN 的 SAR 图像抑噪方法的 PSNR 保持最高水平，均大于 14.1033 dB；运用其他方法时，仅 POTDF 与之最为接近，仅大于

13.5628 dB。当 $L>2$ 时，基于 CNN 的 SAR 图像抑噪方法的 PSNR 依然保持最高水平，大于 18.035 dB；运用其他方法时，仅 Lee 滤波和 Frost 滤波处理效果与之最为接近。

（4）SSIM 作为评价指标如图 4 - 15(d)所示。随着 L 值的增加（即加入斑点噪声水平减弱），不同方法处理后 SSIM 的值均增加，斑点噪声抑制效果明显。当 $L<2$ 时，基于 CNN 的 SAR 图像抑噪方法的 SSIM 保持最高水平，均大于 0.1265。当 $L>2$ 时，基于 CNN 的 SAR 图像抑噪方法的 SSIM 依然保持最高水平，Lee 滤波和 Frost 滤波与基于 CNN 的 SAR 图像抑噪方法的处理效果最为接近。

（5）为了减小显示结果的动态范围，对 $|B|$ 取对数，结果如图 4 - 15(e)所示。可以明显看出，基于 CNN 的 SAR 图像抑噪方法的 $\log(|B|)$ 的结果始终保持较小取值，最小值仅为 -2.8167。而其他方法的最小取值为 -1.8695。证明了基于 CNN 的 SAR 图像抑噪方法的最优抑噪效果。

综上所述，随着 L 值的增加，待处理图像质量逐渐提升。此外，基于 MSE、SNR、PSNR、SSIM、$|B|$ 评价指标，与中值滤波、维纳滤波、Lee 滤波、Frost 滤波、TNNM 方法、POTDF 模型相比，基于 CNN 的 SAR 图像抑噪方法可实现更优的 SAR 图像斑点噪声抑制效果。相比之下，仅 POTDF 模型在强斑点噪声影响情况下与基于 CNN 的 SAR 图像抑噪方法的抑噪效果最接近。

2. 相异的 SAR 目标合成图像

为了验证基于 CNN 的 SAR 图像抑噪方法对不同 SAR 目标图像背景的适应性，分别训练三个网络，即 Net-M、Net-O 和 Net-M&O，对应的训练数据为 DataM-Train、DataO-Train 以及 DataM-Train 和 DataO-Train 两训练集各随机选取一半数据。分别测试 DataM-Test 和 DataO-Test 数据。根据 4.4.2 节结果，在传统斑点噪声抑制方法中，仅 POTDF 模型与基于 CNN 的 SAR 图像抑噪方法性能比较接近。因此，本部分重点比较 POTDF 模型与基于 CNN 的 SAR 图像抑噪方法在进行相异的 SAR 目标合成图像处理时的斑点噪声抑制结果。

基于 DataM-Test 数据集进行 POTDF 模型、Net-M、Net-O、Net-M&O 斑点噪声抑制效果比较，结果如图 4 - 16 所示，可以看出：

（1）在 MSE 指标下，Net-M 抑噪效果明显优于其他方法。其中，Net-M&O 最接近 Net-M，而 POTDF 模型与 Net-M 差距最大。特别地，当 $L=0.2$ 时，Net-M 的 MSE 为 0.0777，Net-M&O 的 MSE 在此基础上增加了 0.26%，POTDF 模型的 MSE 在该基础上增加了 2.83%。

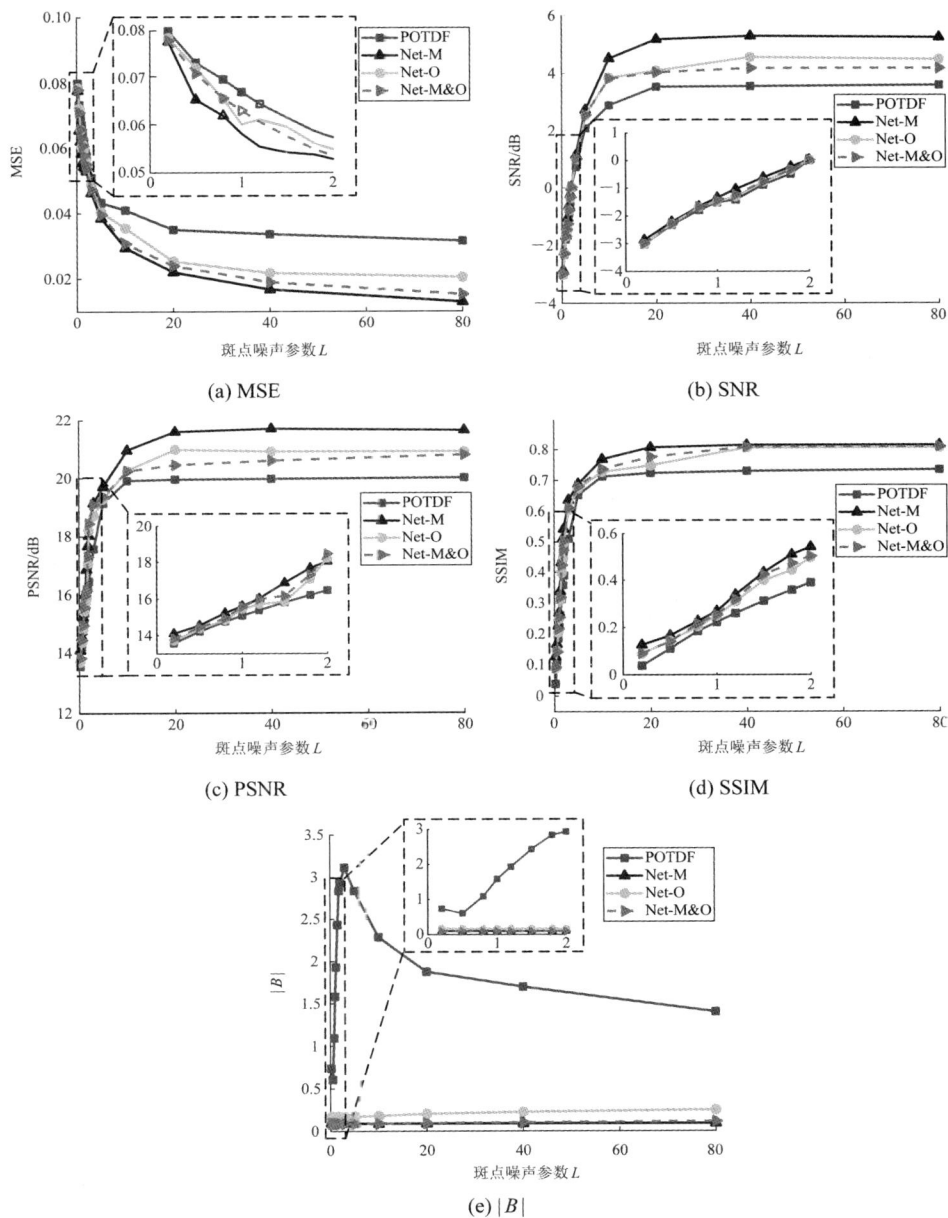

(a) MSE

(b) SNR

(c) PSNR

(d) SSIM

(e) |B|

图 4-16　基于 DataM-Test 测试的斑点噪声抑制效果的对比

（2）在 SNR 指标下，当 $L<2$ 时，四组方法效果相差并不明显。但随着 L 值的增加，Net-M 的优势逐渐显示。特别地，当 $L=80$ 时，Net-M 的 SNR 为

5.2409 dB，其他方法的 SNR 值在该基础上至少减少 14.52%。

（3）在 PSNR 指标下，当 $L<2$ 时，Net-M 略高于其他情况，且与 Net-M&O 最为接近。例如，当 $L=0.2$ 时，Net-M 的 PSNR 为 14.1033dB。其他方法的 PSNR 值在该基础上至少减小 1.87%。随着 L 的增加，Net-M 的优势有所增强。特别地，当 $L=80$ 时，Net-M 的 PSNR 为 21.6669 dB，其他方法的 PSNR 值在该基础上至少减小 3.47%。

（4）在 SSIM 指标下，Net-M 优于其他方法，且 Net-M&O 的效果与之最为接近，POTDF 模型的效果与之差距最大。当 $L=0.2$ 时，Net-M 的 SSIM 为 0.1265，Net-M&O 以及 POTDF 模型的 SSIM 值分别在该基础上减小了 28.62%、69.80%。

（5）在 $|B|$ 指标下，当 L 值比较小时，Net-M&O 与 Net-M 的效果比较接近，POTDF 模型的效果与二者差距过大。当 L 值比较大时，Net-M 的优势逐渐显现。特别地，当 $L=80$ 时，Net-M 的 $\log(|B|)$ 为 -2.4113，其他方法的 $|B|$ 值在此基础上至少增加 4.77%。

此外，对 DataO-Test 数据同样进行斑点噪声抑制处理，得到的结果如图 4-17 所示，分析如下：

（1）以 MSE 指标为评价，在 L 的大部分情况下，Net-O 对应的 MSE 值最小，且更接近 Net-M&O，但与 POTDF 模型差距较大。例如，当 $L=80$ 时，Net-O 对应的 MSE 为 0.0905，其他方法的 MSE 值在此基础上至少增加 0.66%。

（2）以 SNR 为评价指标，在 L 的大部分情况下，Net-O 对应取值最大，且更接近 Net-M&O，但与 POTDF 模型差距较大。例如，当 $L=80$ 时，Net-O 对应的 SNR 为 -2.6121 dB，其他方法的 SNR 值在此基础上至少减少 21.91%。

（3）以 PSNR 为评价指标，在 L 的大部分情况下，Net-O 对应取值最大，且更接近 Net-M&O，但与 POTDF 模型差距较大。例如，当 $L=40$ 时，Net-O 对应的 PSNR 为 11.6199 dB，其他方法的 PSNR 值在此基础上至少减少 1.32%。

（4）以 SSIM 为评价指标，在 L 的大部分情况下，Net-O 对应取值最大，且更接近 Net-M&O，但与 POTDF 模型差距较大。例如，当 $L=80$ 时，Net-O 对应的 SSIM 为 0.0939，其他方法的 SSIM 值在此基础上至少减少 24.81%。

（5）以 $|B|$ 为评价指标，在 L 的大部分情况下，Net-O 对应取值最小，且更接近 Net-M&O，但与 POTDF 模型差距较大。例如，当 $L=80$ 时，Net-O 对应的 $\log(|B|)$ 为 -2.71151，其他方法的 $\log(|B|)$ 值在此基础上至少增加 10.90%。

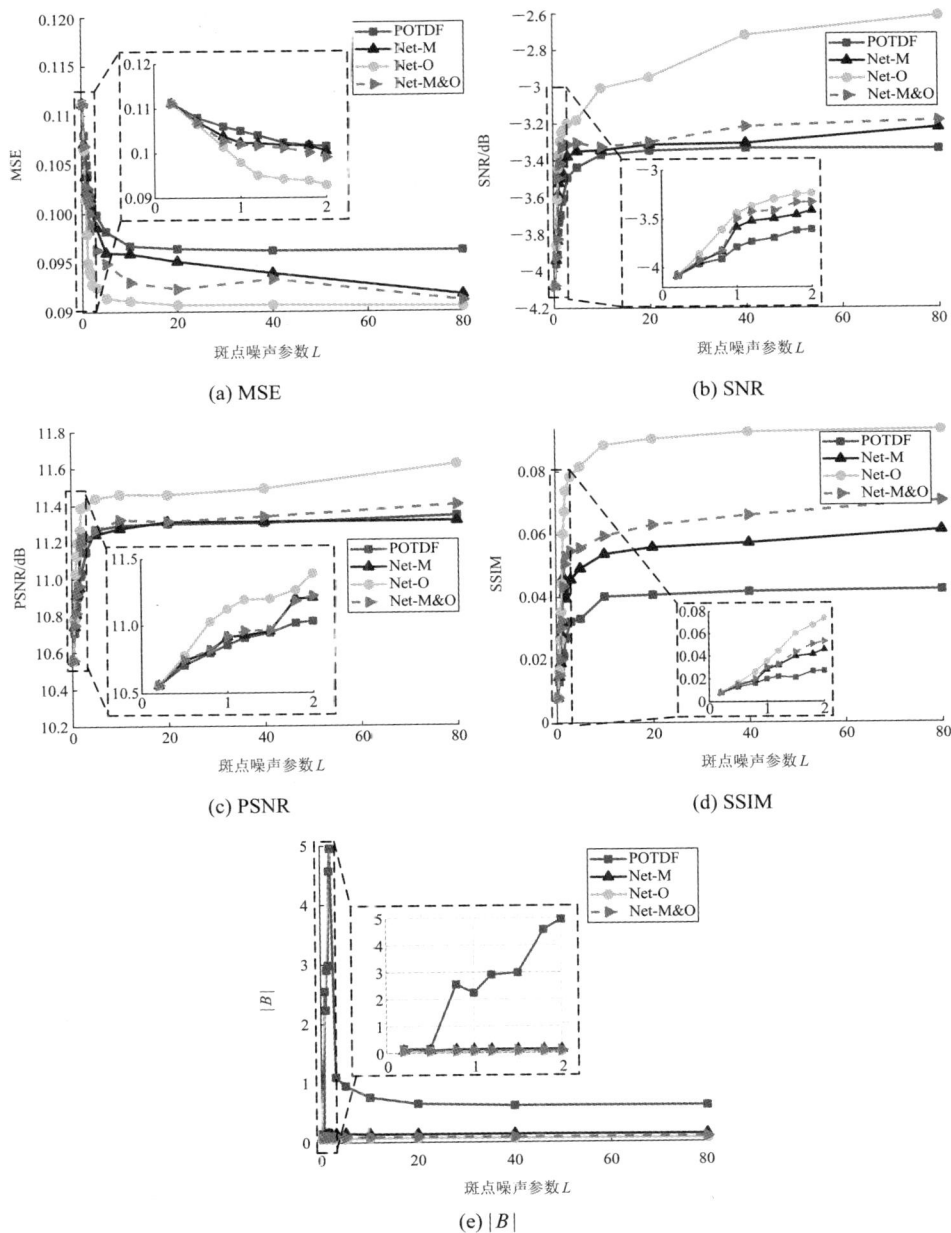

(a) MSE

(b) SNR

(c) PSNR

(d) SSIM

(e) $|B|$

图 4-17　基于 DataO-Test 测试的斑点噪声抑制效果的对比

综上所述，本部分基于 MSE、SNR、PSNR、SSIM、$|B|$ 指标评价了在相异的 SAR 目标合成图像条件下，基于 CNN 的 SAR 图像抑噪方法的抑噪性能。具体地，以训练数据集与测试数据集来源于同一公开 SAR 图像数据集的情况为基准，观察二者不来源于同一公开 SAR 图像数据集情况下抑噪性能的变化情况；并且，与获得较优斑点噪声抑制效果的传统方法（POTDF 模型）进行了斑点噪声抑制处理结果的对比。可以明显看出，在相异的 SAR 目标合成图像下，基于 CNN 的 SAR 图像抑噪方法的抑噪性能会比二者相同时有所下降，但仍能保证其抑噪性能优于传统的 POTDF 模型。

3. 无仿真斑点噪声的原始 SAR 目标图像

根据前述实验分析可知，基于 CNN 的 SAR 图像抑噪方法将高质量的原始 SAR 目标图像作为参考图像。但实际上，原始 SAR 目标图像是受到真实斑点噪声影响的，而对无仿真斑点噪声的原始 SAR 目标图像进行的斑点噪声抑制处理是否能够去除真实斑点噪声是值得讨论的。因此，本部分对无仿真斑点噪声影响的原始 SAR 目标图像进行不同方法的斑点噪声抑制处理，并对所得结果进行比较和分析。

为了能够定量地评价原始 SAR 目标图像进行斑点噪声抑制后图像质量情况，同样需要运用图像质量评价指标衡量抑噪效果。但是，由于有参考的评价指标，即 MSE、SNR、PSNR、SSIM 都需要真值作为参考，而实际分析场景不存在参考情况。因此，有参考的评价指标无法使用，本部分仅通过 $|B|$ 值进行斑点噪声抑制效果的客观评价。

将 MSTAR 和 OpenSARShip 两数据集中的原始 SAR 目标图像作为待处理图像，分别进行中值滤波、维纳滤波、Lee 滤波、Frost 滤波、TNNM 模型、POTDF 模型、Net-M、Net-O、Net-M&O 的斑点噪声的抑制处理。图 4 - 18 分别显示了对 MSTAR 和 OpenSARShip 两数据集数据进行抑噪处理后 $|B|$ 的均值与标准差情况。

（1）根据图 4 - 18(a) 可以看出，Net-M、Net-O、Net-M&O 三组网络对应 $|B|$ 值的均值更接近 0，具有较好的斑点噪声抑制效果，分别为 0.1728、0.3895、0.3368。中值滤波、维纳滤波对应 $|B|$ 值的均值距 0 最远，分别为 2.463 和 2.3026。Lee 滤波、Frost 滤波、TNNM 模型、POTDF 模型结果与基于 CNN 的 SAR 图像抑噪方法虽然比较接近，但抑噪结果仍不及基于 CNN 的 SAR 图像抑噪方法。此外，在 $|B|$ 值的标准差方面，Net-M、Net-O、Net-M&O 对应的标准差值接近 0，分别为 0.0028、0.0167、0.0104，即 $|B|$ 的分布比较集中。中值滤波、维纳滤波方法对应的标准差过大，分别为 6.5813 和

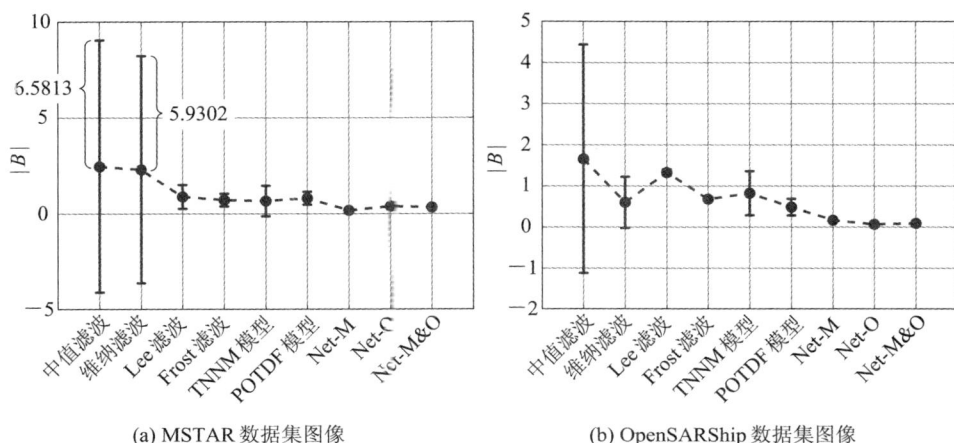

(a) MSTAR 数据集图像   (b) OpenSARShip 数据集图像

图 4－18 原始 SAR 目标图像进行噪声抑制处理后 $|B|$ 值的均值与标准差

5.9302，说明上述方法对不同数据的斑点噪声估计水平比较分散。Frost 滤波、POTDF 模型对应的标准差水平比较居中，斑点噪声抑制效果同样不及基于 CNN 的 SAR 图像抑噪方法。

（2）根据图 4－18(b) 可以看出，Net-M、Net-O、Net-M&O 三组网络对应 $|B|$ 的均值更接近 0，分别为 0.1680、0.0685、0.0922，具有更好的斑点噪声抑制效果。中值滤波、Lee 滤波对应 $|B|$ 值的均值距 0 最远，分别为 1.6570 和 1.3312。其他四组方法的 $|B|$ 值均值虽然接近 0，但明显大于基于 CNN 的 SAR 图像抑噪方法。此外，在标准差方面，Lee 滤波、Frost 滤波以及基于 CNN 的 SAR 图像抑噪方法对应 $|B|$ 值的方差接近 0，分别为 0.0170、0.0023、0.0039。而其他四组方法标准差较大，尤其是中值滤波方法，对应 $|B|$ 值的标准差过大，为 2.7789，说明 $|B|$ 值的取值比较分散。

（3）重点比较 Net-M、Net-O、Net-M&O 三组网络的结果，可以明显看出，无论训练与测试 SAR 图像背景是否相同，由 $|B|$ 值的均值和标准差反映的抑噪效果差异并不明显。尤其与传统方法相比，该差异基本可被忽略。

综上所述，根据 $|B|$ 值的均值和标准差定量反映了基于 CNN 的 SAR 图像抑噪方法对两公开 SAR 图像数据集的原始 SAR 目标图像具有更优的斑点噪声抑制效果。并且，即使训练数据集和测试数据集所对应的 SAR 目标图像不属于同一公开数据集，但基于 CNN 的 SAR 图像抑噪方法的抑噪效果仍能得到保证。尤其是与传统方法相比，该方法优势明显。

4.4 本 章 小 结

    本章主要介绍了 SAR 图像斑点噪声抑制方法。首先，对几种经典 SAR 图像斑点噪声抑制方法进行了介绍，具体包括多视处理、空域滤波、变换域滤波、基于特定理论的滤波。其中，部分方法也作为后续验证基于 CNN 的 SAR 图像斑点噪声抑制方法抑噪效果的对比方法。之后，重点介绍了基于 CNN 的 SAR 图像斑点噪声抑制方法，包括其网络结构以及网络参数设计的方法。最后，通过实验的方式讨论抑噪效果情况，分别讨论了其对相同的 SAR 目标合成图像、相异的 SAR 目标合成图像下的抑噪效果，以及其对无仿真斑点噪声的 SAR 原始图像的抑噪效果。综合实验结果可以得出结论：基于 CNN 的 SAR 图像抑噪方法对 SAR 目标图像具有更优的斑点噪声抑制效果。此外，即使训练数集集和测试数据集所对应的 SAR 图像不属于同一公开数据集，基于 CNN 的 SAR 图像抑噪方法的抑噪效果仍能得到保证，尤其是与传统方法相比，其优势明显。

第 5 章

基于 CNN 的 SAR 图像目标检测方法

　　SAR 图像受固有斑点噪声的影响，成像质量不及光学图像，这导致 SAR 图像解译难度较大。与此同时，由 SAR 图像成像机理所引起的成对回波高频噪声会给 SAR 图像目标检测带来虚警的可能。本章首先介绍经典的 SAR 图像目标检测方法，之后针对成对回波高频噪声引起的虚警问题介绍基于两级 CNN 的 SAR 图像目标检测方法，具体包括网络结构以及实验分析。

5.1　经典 SAR 图像目标检测方法

　　SAR 图像目标检测算法在过去的几十年里得到了蓬勃的发展。不同于深度学习方法，经典的 SAR 图像目标检测是根据目标和杂波的散射特性的不同所表现的特性差异来完成的。本部分将经典 SAR 图像目标检测方法分为三类，包括基于对比度、基于图像的其他特征及基于复图像特征的目标检测方法。

5.1.1　基于对比度的目标检测方法

　　SAR 图像中的目标大多由金属材质制成，具有较强的雷达回波，在 SAR 图像上表现为具有和周围环境相比较大的对比度，因此基于对比度进行目标检测算法的设计成为了自然的选择。

　　基于对比度的目标检测算法主要有：

　　(1) CFAR(Constant False Alarm Rate)检测算法；

　　(2) 广义似然比检验检测算法（Generalized Likelihood Ratio Test,

GLRT）；

（3）能量环检测算法；

（4）其他算法。

1. CFAR 检测算法

CFAR 是 SAR 图像目标检测领域研究最广泛、最深入，也是最实用的一类方法。在实际情况中，由于目标所处的背景往往比较复杂，因此不可能使用固定阈值来检测目标，需要自适应地确定阈值。CFAR 检测算法是一种像素级水平的目标检测方法，其前提是目标相对背景具有较强的对比度。CFAR 检测算法通过单个像素灰度和某一门限的比较达到检测目标像素的目的。在给定虚警率的情况下，检测门限由杂波的统计特性决定。CFAR 检测算法具体实现过程是：根据经典的统计检测理论，在给定的虚警概率条件下，首先根据目标所处周围背景杂波的统计特性自适应求取检测阈值，然后将待检测像素和自适应阈值进行比较，判断其是否为目标点。通过参考窗口的滑动，CFAR 算法可实现对所有像素的自适应检测。目标周围背景杂波的统计特性通常由目标像素周围参考窗口内的像素确定。滑动窗口分为空心和实心两种。空心滑窗是指在检测窗口中包含一个或多个空心区域，这些区域不参与背景噪声的估计；实心滑窗是指在滑动窗口中包含所有数据点，不进行任何剔除操作。为了去除目标像素对杂波模型参数估计的影响，在参考滑窗中根据目标大小设立虚警区域的空心滑窗更受青睐，大多数 CFAR 算法是在空心滑窗的基础上发展而来的。CFAR 检测方法可以根据不同背景统计分布来进行分类。进行不同背景统计分布模型的 CFAR 检测研究的原因在于：实际待检测的 SAR 图像中往往包含很多的地物覆盖类型，如果采用一种不合适的模型对整幅图像进行目标检测，模型的失配会导致产生较大的 CFAR 损失，使得检测器丧失 CFAR 能力，造成相应的检测性能下降。目前大多数 CFAR 算法是在检测前先验确定图像杂波背景的统计分布。由于实际的检测局部滑窗可能面临种类多样的地物覆盖类型，这就对描述杂波统计特性的统计模型提出了更高的要求。简单的统计模型如高斯、瑞利、指数、Gamma 等虽然参数估计简单、算法速度较快，但是因为其对地物覆盖类型的建模能力不足，势必会影响检测的精度；复杂的统计模型如威布尔、K 分布等虽然对地物覆盖类型的建模能力较高，相应的检测精度较高，但是由于其参数估计困难、计算量较大，导致算法的实用性大打折扣。因此，发展一种参数估计简单且具有良好的杂波统计建模能力的统计分布模型是 CFAR 算法的需要解决的一个重要问题。

当 CFAR 滑动窗口在整幅图像上滑动时，进入滑窗内杂波区域的像素并不一定是均匀同质的，很多情况下，存在异质区域。不同的检测器是为了适应不同的复杂背景而设计的，其本质是用来指导进入杂波统计分布参数估计并获取检验阈值的过程。单元平均恒虚警率检测器（Constant False Alarm Rate Detector，CA-CFAR）是最简单的检测器，它用滑窗内杂波区域中的所有像素来估计相应的杂波统计模型的参数，对于均匀区域，这是最优的。然而，在实际检测中经常遇到异质性环境（包括杂波边缘和多目标），在这些环境中，CA-CFAR 检测器的性能将严重衰退。

增强型算法是一类围绕提高信杂比并且使目标检测具有恒虚警率性能的检测算法。增强型算法的常规处理过程是：首先对图像进行预处理，以增加信杂比，然后再对增强后的图像进行基于阈值的检测，其中用算法获得阈值占了大多数。典型的预处理操作包括多视处理、最小方差处理、多信源分类处理、各种滤波器如 Winner 滤波、中值滤波以及针对极化图像的极化白化滤波和针对 UWB 图像的最小均方（Least Mean Square，LMS）滤波器等。这些方法的主要缺点是经过预处理后，增强后的图像和原图像的统计特性有所不同，且很多预处理方法得到的增强后图像的统计特性无法从理论上推导而得，导致后续的检测很难进一步开展。

计算速度是决定目标检测算法实用性的另一个重要指标。在基于局部滑窗的 CFAR 算法中，局部动态使每一个像素值参与了多次滑窗运算，算法的计算速度普遍不高，因此，为增加算法的实用性，需要设计相应的快速算法。快速 CFAR 算法的实现主要有两种思路：从算法本身考虑和从算法硬件实现上考虑。

2. GLRT 检测算法

以上的检测算法都只基于背景统计模型，目标是作为背景统计特性中的异常点来检测的。CFAR 检测算法由于没有考虑目标的统计特性，是一种次优的统计检测方法。如果能够把目标的概率分布函数考虑进去，则由此得到的检测算法无疑能得到理论的 Bayesian 最优解，GLRT 正是基于这一思想提出的。GLRT 检测算法需要知道目标和背景的统计分布，而实际目标的统计分布是无法知道的；而且由于实际目标的形状、大小、方向等存在差异，建立统一的目标统计模型的难度较大，因此该算法并未得到广泛的应用。

3. 能量环检测算法

能量环检测算法是基于这样一个事实设计的：目标像素一定大小邻域内的均值和周围背景环形区域内杂波均值之比应该在某一个阈值之上。该比值反映了图像的局部信噪比。能量环算法的原理如图 5-1 所示。理论上来讲，该检测算法利用图像的局部对比度信息，如果参数选择合适，该算法能够取得较好的性能。但是很明显，阈值无法自适应选择，而且如何选择合适的目标区域制约了该算法的进一步应用和推广。

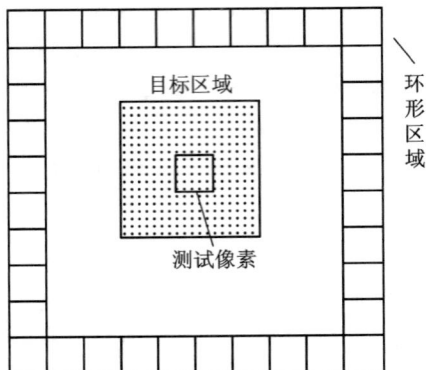

图 5-1 能量环算法的检测原理

5.1.2 基于图像的其他特征的目标检测方法

各种目标检测算法的构建本质上都是围绕目标与杂波电磁散射特性的差别进行的。对比度仅仅是两者电磁散射特性差异的一种特征，当然也存在能够揭示这种差异的其他特征。理论上，目标和杂波在图像上表现出尺寸、形状、纹理等特征的差异都可以被用来完成目标的检测，这类算法统称为基于图像的其他特征的目标检测方法。该类算法中最简单的是基于目标聚类的检测算法，该算法把经过预处理和分割后二值图中满足一定尺寸和形状的强像素点的聚类作为目标，其缺点是预处理采用的尺度、分割采用的阈值等很难自动确定。但是，该算法的思想对后续的研究有重要指导价值。

Kaplan 提出了一种基于扩展分形（Extended Fractal，EF）特征的目标检测算法。该算法通过计算图像点位置上多尺度的 Hurst 指数以量化在不同尺度下图像表征出来的纹理粗糙程度，由图像的纹理粗糙程度的度量来检测目标的存在与否，从实验结果来看，该算法的检测性能较好。然而，EF 特征对于目标的对比度和尺度非常敏感，这种敏感性会带来"负值效应"，即在正确检测出目标的同时把一些和目标具有相似形状而灰度值较低的区域也检测出来。此外，从该算法的实现过程来看，该算法检测的阈值选择依赖于被检测的图像的对比度等先验信息，并不具备自动性，这制约了该算法的实用性。

5.1.3　基于复图像特征的目标检测方法

前两类算法都是利用实的幅度图像检测目标的。事实上，目标和杂波在实图像上表现出的差异本质上是由两者的回波特性的不同造成的，而实图像中仅仅包含回波幅度信息，损失了可用于检测的回波相位信息。因此，从理论上来讲，通过对二维回波特性和成像机理的深入研究发展更为精确的目标检测算法是可行的。该方面有代表性的研究包括：

（1）子孔径相关法。子孔径相关法是一种利用相位信息和幅度信息的基于复图像数据的目标检测算法。其最初被用来解决图像的目标检测问题。其主要思想是：由目标和杂波的散射特性可知，目标回波在方位向存在各向异性特点，而杂波则表现为各向同性特点，可以通过划分子孔径的方法来揭示这种差异。

（2）相干空间滤波法。在这种算法中，宽带、高分辨率的具有很大的方位向积累角，较长或较大的目标，在图像中占据很多的像素。它们在图像上具有线性的、距离相关的相位结构。而且，沿着它们延伸方向的相位增量是波数和距离增量的乘积，可以利用这一性质进行目标检测。

（3）其他算法。Kaplan 提出了一种在图像生成过程中检测目标的多尺度方法。当目标检测器获得足够多的信息可以判断某一块区域没有目标时，就提示图像生成器终止继续生成该区域的图像。这样，只生成潜在目标区域的图像，节省了计算量。

总的来说，大多数这类目标检测算法具有低频目标检测的特色，而大多数高频目标由于并不能满足这些算法的散射特性差异前提，并不适用，而且回波数据的处理必然涉及很大的计算量。

5.2　SAR 图像鬼影生成原理及其对目标检测的影响分析

在 SAR 系统中，雷达天线方向图的旁瓣不能完全消除，当 PRF 小于多普勒带宽时，前后脉冲信号的旁瓣部分会叠加到当前信号的主瓣中，导致多普勒频谱发生混叠，从而形成鬼影。对 SAR 成像过程进行分析，可以发现一阶鬼影与真实目标的形态、能量均比较接近，这可能导致在目标检测过程中出现虚警，增加了检测的难度。

已有的鬼影抑制方法按照假设条件的不同可分为两类。第一类方法是通过调整天线的方向图加权，使在不同位置的目标都能接收到相同的信号强度和相位，从而消除位置差异对测向结果的影响，这类方法仅适用于条带成像模式。Martino 等提出根据 SAR 系统的先验信息构建选择性滤波器，从整个方位信号频谱中选择出受模糊影响较小的区域，进而通过对消滤波结果的方法实现鬼影的估计与抑制。Chen 等提出对模糊影响较大的区域进行基于样例修复技术的重建处理。换言之，该方法运用邻域无鬼影像素进行替换，实现鬼影的有效剔除，但重建准确性有待提升。Guarnieri 等从频域角度展开研究，提出利用匹配滤波的方法消除方位模糊。第二类鬼影抑制方法可用于任意 SAR 工作模式。Wu 等提出通过准确估计模糊比函数，选取受方位模糊影响较小的频谱，再通过外推法获取完整频谱，实现鬼影抑制。综上，已有的鬼影抑制方法均在成像过程中进行鬼影抑制处理。而本章所面向的 SAR 图像为已成像结果，即需要从图像处理的角度展开在鬼影影响下的 SAR 目标检测的研究。

5.2.1　SAR 图像鬼影的生成

在 SAR 系统中，雷达沿航迹运动，且不断发射和接收信号。在该过程中，雷达与目标之间存在相对运动，导致接收信号存在多普勒频移 f_η。该多普勒频移受到相对速度以及波长等因素的影响，具体可表示为

$$f_\eta = \frac{2v\sin\theta}{\lambda} \qquad (5-1)$$

其中，v 表示雷达与目标之间的相对速度；θ 为雷达、目标连线与在径向平面中与雷达运行的垂直方向之间的夹角，且 $\theta \in [-\pi/2, \pi/2]$；$\lambda$ 为波长。因此，多普勒频谱宽度为 $4v/\lambda$。实际情况下，PRF 一般设计为多普勒带宽的 $1.1\sim1.3$ 倍。其中，多普勒带宽表示为

$$B = \frac{2v\sin\theta_{3dB}}{\lambda} \qquad (5-2)$$

其中，θ_{3dB} 为天线方向图的主瓣宽度。由于 $\theta_{3dB} \in [0, \pi]$，代入式（5-2）可得，PRF$<2.6v/\lambda$。可见，PRF 小于多普勒频谱宽度。当以 PRF 为方位向采样频率时，会发生多普勒频谱的欠采样，导致多普勒频谱混叠，即方位模糊。方位模糊生成原因示意如图 5-2 所示。图中，f_d 表示多普勒中心频率，f_p 表示 PRF。可以看出，在实际情况下，在天线方向图所包含的波束主瓣与波束旁瓣中，主瓣照射区域为主成像区域，旁瓣照射区域为模糊区域。此外，图 5-2(c) 为单独截取其中一个 PRF 的频谱范围情况。可以明显看出，该区域既包含主成像区域的主瓣能量，又包含模糊区的一部分旁瓣能量。这也意味着该模糊区内的目标会呈现在最终的 SAR 图像中，该目标对应为鬼影虚假目标。

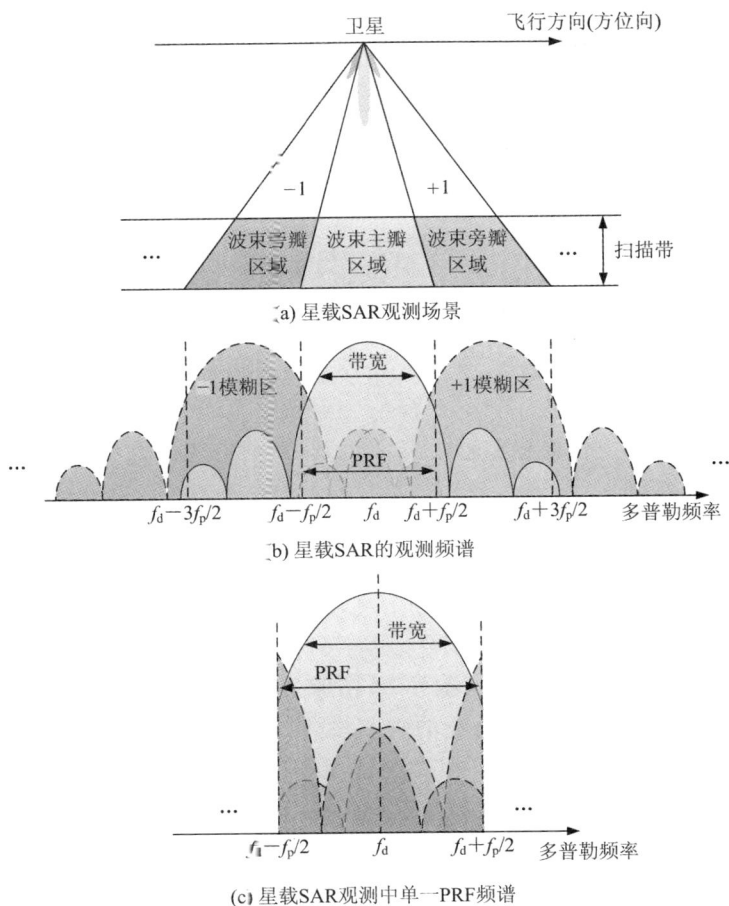

(a) 星载SAR观测场景

(b) 星载SAR的观测频谱

(c) 星载SAR观测中单一PRF频谱

图 5 - 2　方位模糊生成原因示意图

5.2.2　SAR 图像鬼影的标注及其对检测的影响

为了进行鬼影影响下的 SAR 图像目标检测的研究,本部分对已有 SAR 图像进行目标、鬼影虚假目标的标注。以 Sentinel-1 星载 SAR 海面图像为例,舰船目标位置可通过自动识别系统(Automatic Identification System,AIS)信息确定,完成舰船目标的标注。此外,为了确定鬼影虚假目标所在位置,考虑通过理论计算的方式获取目标与鬼影之间的距离,同时在 SAR 图像中测量真实目标与形似该真实目标的疑似目标之间的距离,若理论计算结果与测量结果接近,则认定该疑似目标为鬼影虚假目标,完成了鬼影虚假目标的标注。

据此,需要对目标与鬼影之间的距离进行理论计算。由图 5 - 2 可以看出,

第 k 个模糊区域与主成像区域对应频率差为

$$\Delta f = k \cdot f_{\mathrm{p}} \qquad (5-3)$$

接收信号经过解调和距离压缩处理后，在方位向表现为线性调频信号（Linear Frequency-Modulated，LFM）形式。进而，可通过信号的相位求出方位向调频率 K_{a} 为

$$K_{\mathrm{a}} = \frac{2v^2}{\lambda R_0} \qquad (5-4)$$

其中，R_0 为最短斜距。结合式（5-3）和式（5-4）可以求出方位混叠对应的时间偏移量：

$$\Delta t_k = \frac{k \cdot f_{\mathrm{p}}}{K_{\mathrm{a}}} = \frac{k \cdot \lambda R_0 f_{\mathrm{p}}}{2v^2} \qquad (5-5)$$

在此基础上，方位模糊偏移距离，即真实目标与鬼影之间的方位向距离可表示为

$$\Delta x_k = \Delta t_k \cdot v = \frac{k \cdot \lambda R_0 f_{\mathrm{p}}}{2v} \qquad (5-6)$$

在 SAR 系统参数以及真实目标信息均已知的情况下，可根据式（5-6）计算出鬼影虚假目标的位置，从而实现真实目标所对应鬼影虚假目标的准确标注。本部分以一幅 Sentienl-1 星载 SAR 图像为例，进行鬼影虚假目标的标注。该 Sentinel-1 星载 SAR 图像对应的观测模式几何关系如图 5-3 所示。其中，Sentinel-1 星载 SAR 的工作模式为干涉宽测绘带（Interferometric Wide Swath，IW），其成像几何关系如图 5-3(a) 所示。Sentienl-1 卫星的在轨运行情况如图 5-3(b) 所示，包括地球半径、卫星高度、斜距、俯仰角、入射角等之间的关系。此外，表 5-1 和表 5-2 列举了用于计算方位模糊偏移距离的部分 SAR 系统参数以及真实目标信息。

表 5-1　Sentinel-1 星载 SAR 系统在成像场景中的特征参数

参数名称	符号	取　值	参数名称	符号	取　值
卫星高度	R	693 km	地球半径	R_{earth}	6371 km
x 方向速度	v_x	2.3455×10^3 m/s	雷达波长	λ	5.55×10^{-2} m
y 方向速度	v_y	-1.5613×10^3 m/s	PRF	f_{P_1}	1.717 kHz
z 方向速度	v_z	7.0588×10^3 m/s		f_{P_2}	1.452 kHz
俯仰角	β	27.4967°		f_{P_3}	1.686 kHz
入射角	θ	30.8312°			

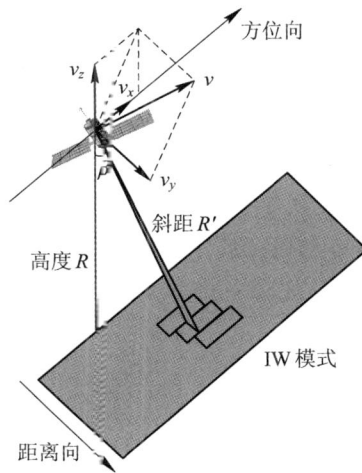

(a) Sentinel-1星载SAR系统的成像几何关系

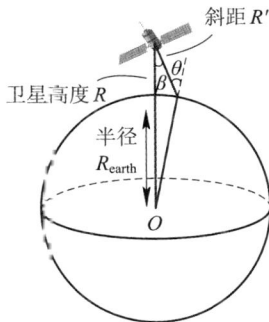

(b) Senitnel-1星载SAR在轨运行示意

图 5-3　Sentinel-1 星载 SAR 的 IW 观测模式几何关系

表 5-2　舰船目标在成像场景中的特征参数

参数名称	取　值	参数名称	取值/内容
舰船速度	31.85 km/h	舰船类型	货船
纬度	−38.3061°	时间	2016-12-18,00:34:59
经度	144.8005°		

将表 5-1 所示参数值代入式(5-6)，获得近似理论情况下的方位模糊偏移距离。在三个 PRF 情况下，计算结果分别约为 5294.1 m、4477.0 m 和 5198.5 m。截取 SAR 图像切片，如图 5-4 右侧所示。首先，根据 AIS 信息确

定中间能量较高的部分为舰船目标。其次，以该舰船目标内的一个像素为基准，获取其距离向索引，并固定该距离向索引，提取方位向序列，结果如图 5 - 4 左侧所示。其中，能量最高的部分为目标像素点。可以发现，在距目标像素点有一定距离的位置存在另外两个峰值，且两峰值位置对应为 SAR 图像切片中除去目标外的另外两个形似目标的部分。测量两峰值距离目标像素点之间方位向的距离，分别约为 4780 m 和 4790 m。可以看出，该距离与基于式(5 - 6)求出的理论方位模糊偏移距离比较接近。因此，可以确定切片中两个形似目标的部分为鬼影虚假目标，这样就完成了鬼影虚假目标的准确标注。

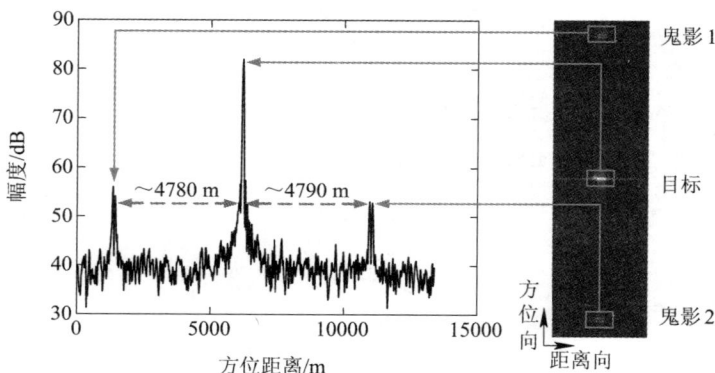

图 5 - 4　Sentinel-1 星载 SAR 图像中舰船目标及其鬼影切片对应关系

此外，根据 5.2.1 节对 SAR 图像鬼影生成原理的介绍，可知鬼影虚假目标与其对应的真实目标在外形上比较接近。但是，由于旁瓣能量明显弱于主瓣能量，所以，鬼影虚假目标的能量明显弱于其对应的真实目标情况。这也成为区分二者的特性。对于拥有较强能量的真实目标而言，其对应鬼影虚假目标的能量可能强于背景杂波，甚至强于其他能量较弱的真实目标。因此，可能出现鬼影虚假目标与真实目标难以区分的问题。

以 Sentinel-1 星载 SAR 图像为例，根据上述鬼影虚假目标的标注方法可确定真实舰船目标以及其对应的鬼影虚假目标情况，标注结果如图 5 - 5 所示。其中，真实舰船目标以矩形框进行标注，鬼影虚假目标以圆圈进行标注。可以看出，大部分鬼影虚假目标形状与真实目标比较接近，且其能量明显强于海洋杂波背景。因此，鬼影虚假目标与真实目标区分难度较大，这会导致检测任务中的虚警明显增加，检测效果恶化。

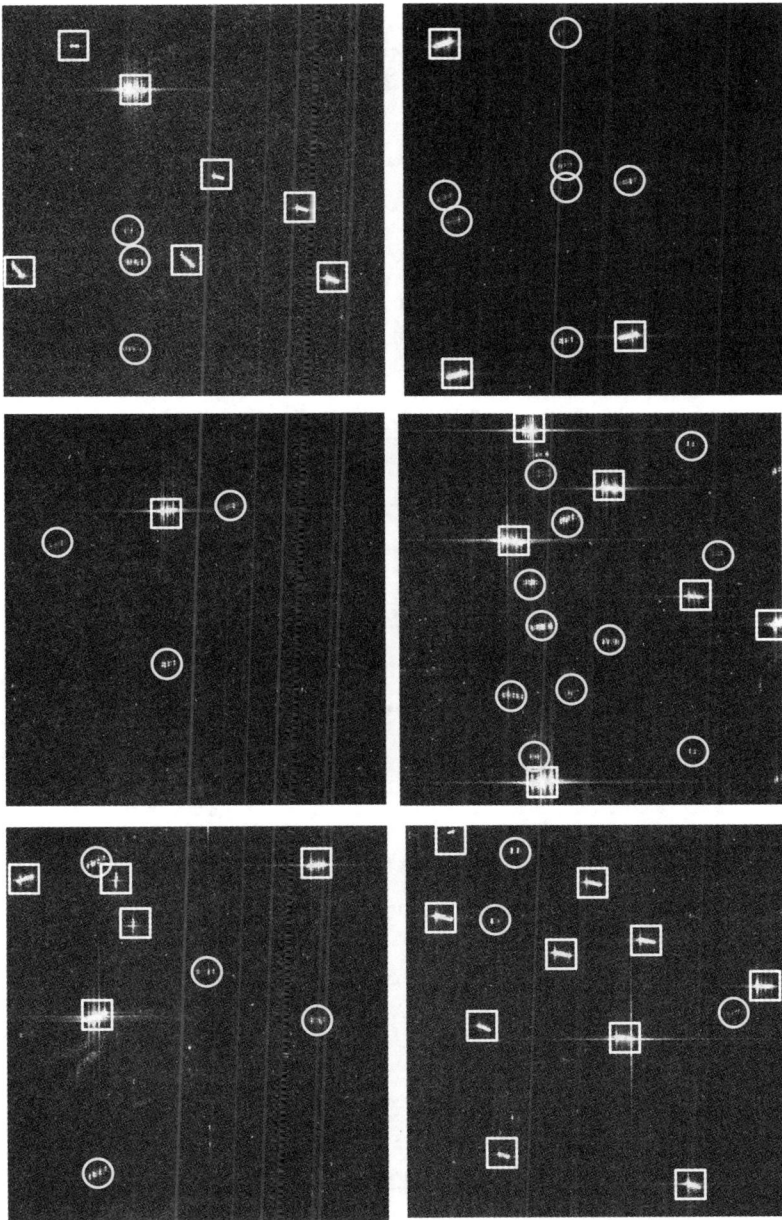

图 5 - 5　Sentinel-1 SAR 图像中真实舰船目标及其鬼影标注情况

5.3 基于两级 CNN 的 SAR 图像目标检测方法

5.3.1 网络结构

基于两级 CNN 的 SAR 图像目标检测网络结构如图 5-6 所示。由于鬼影虚假目标与真实目标之间的区分难度较大，因此，根据任务的不同，将基于两级 CNN 的 SAR 图像目标检测方法进行两阶段划分。首先，通过粗检测阶段实现从大场景 SAR 图像中提取疑似目标。进而，将疑似目标输入网络精检测阶段，实现鬼影虚假目标与真实目标的区分。最终得到的检测结果显示，应用本方法可有效抑制由鬼影引起的虚警情况。

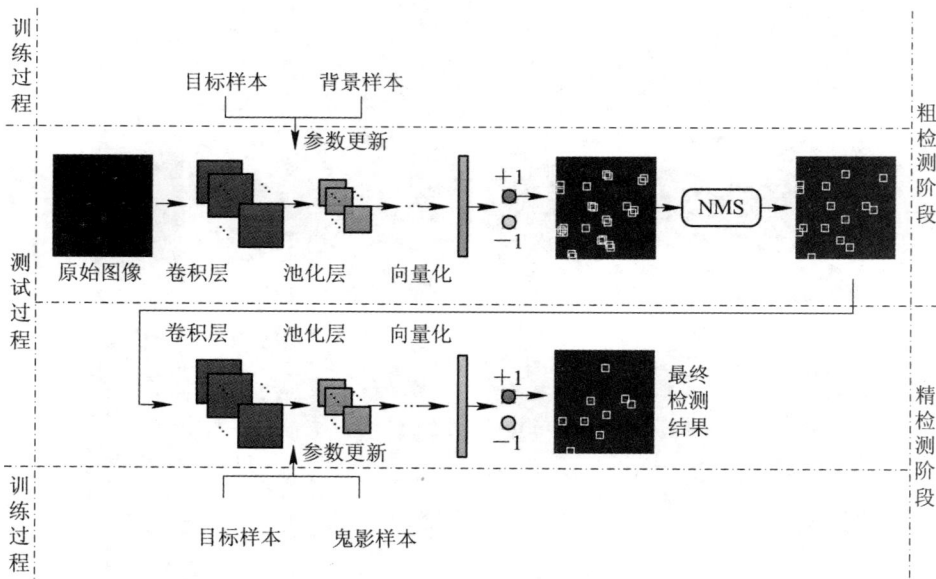

图 5-6 基于两级 CNN 的 SAR 图像目标检测网络结构

基于两级 CNN 的 SAR 图像目标检测方法的两阶段网络结构基本一致，均包括多个卷积层、激活层、池化层。并且，在最后对提取到的二维特征进行向量化处理时，通过全连接以及 Softmax 得到判别结果。两阶段的差异在于其任务不同。其中，粗检测阶段的任务是从大场景 SAR 图像中提取疑似目标，主要进行真实目标与背景杂波区分。因此，引入的训练样本包括真实目标样本以及背景样本。并且，在处理过程中，为了有效避免提取过多的重叠疑似目标区域，本书引入非极大值抑制（Non-Maximum Suppression，NMS）算法。NMS算法可以实现通过输出检测得分以及多个检测区域之间的 IoU，确定最佳目标检测位置。该算法的伪代码如图 5-7 所示。

Input: $B=\{b_1, b_2, \cdots, b_N\}, S=\{s_1, s_2, \cdots, s_N\}, N_t$
　　　　B 是初始检测框集合
　　　　S 是初始检测框对应检测得分
　　　　N_t 是 NMS 阈值

begin
　　　$D \leftarrow \{ \}$
　　　while $B \neq \Phi$ **do**
　　　　　$m \leftarrow \arg \max S$
　　　　　$M \leftarrow b_m$
　　　　　$D \leftarrow D \cup M ; B \leftarrow B \cup M$
　　　　　for b_i in B **do**
　　　　　　　if IoU$(M, b_i) \geq N_t$ **then**
　　　　　　　　　$B \leftarrow B - b_i ; S \leftarrow S - s_i$
　　　　　　　end
　　　　　end
　　　end
　　　return D, S
end

图 5-7　NMS 算法伪代码

基于两级 CNN 的 SAR 图像目标检测方法的伪代码如图 5-8 所示。首先，对大场景 SAR 图像进行粗检测阶段的处理，主要提取疑似目标情况。该过程

Input: I 是带有斑点噪声的待处理 SAR 图像
　　　　Layer 是抑噪网络的网络层数

begin
　　　Index $\leftarrow 1$
　　　$F_{Index} \leftarrow I$
　　　while Index $\neq$ Layer$+1$ **do**
　　　　　$F_{Index+1} \leftarrow$ Conv(F_{Index})
　　　　　$F_{Index+1} \leftarrow$ ReLU$(F_{Index+1})$
　　　　　Index $\leftarrow$ Index$+1$
　　　end
　　　$O_{Despeckle} \leftarrow I/F_{Index}$
　　　return $O_{Despeckle}$
end

图 5-8　基于两级 CNN 的 SAR 图像目标检测方法的伪代码

通过 CNN 模型进行疑似目标提取。为了防止重叠疑似目标区域过多，对所得结果进行 NMS 处理，进行 NMS 处理后即可得到准确化后的疑似目标。然后，通过应用基于两级 CNN 的 SAR 图像目标检测方法进行精检测阶段处理，将疑似目标中的鬼影虚假目标与真实目标进行区分，这样可以有效抑制由鬼影引起的检测虚警情况。

5.3.2 网络超参数设计

与第 4 章相同，本章同样采用消融实验确定网络的超参数。在此过程中，采用以 OpenSARShip 数据集以及多幅源自欧洲航天局哥白尼计划（European Space Agency Copernicus Project，GMES）的 Sentinel-1 星载 SAR 图像数据，建立了包含舰船目标、鬼影、背景杂波切片各 300 组的训练数据集，以及包含 50 幅 Sentinel-1 星载 SAR 海面场景图像的测试数据集。其中，测试数据集中，每幅 SAR 图像尺寸约为 640 像素×670 像素，共包含舰船目标数量为 3660 个，鬼影数量为 154 个。在讨论某一超参数设计情况时，本部分开展消融实验。该过程可简述为：固定其他超参数，改变当前超参数取值，分别基于训练数据集训练多个网络，并通过测试数据集测试网络性能，选取最优的超参数设计结果。本部分同样讨论网络卷积层层数、卷积核个数、卷积核尺寸、Momentum、Dropout 系数。此外，为了比较不同网络的检测性能，本章使用的典型评价指标包括：准确率、召回率、F_1 得分、品质因数（Figure of Merit，FoM），各指标的具体定义分别为

$$P = \frac{\text{TP}}{\text{TP} + \text{FP}} \tag{5-7}$$

$$R = \frac{\text{TP}}{\text{TP} + \text{FN}} \tag{5-8}$$

$$F_1 = \frac{2 \times P \times R}{P + R} \tag{5-9}$$

$$\text{FoM} = \frac{\text{TP}}{\text{TP} + \text{FP} + \text{FN}} \tag{5-10}$$

式（5-7）~式（5-10）中，P 表示准确率，R 表示召回率，F_1 表示 F_1 得分，TP 表示正确检测到的目标数，FP 表示将非目标检测为目标的数量，FN 表示未被正确检测到的目标数量。可以看出，准确率是衡量所有检测为目标的结果中真实目标的占比。当正确检测出的真实目标数量固定时，准确率越高，检测虚警越少。召回率是衡量在所有真实目标中得以正确检测的占比。在正确检测出的真实目标数量固定时，召回率越高，检测漏检越少。F_1 得分由准确率

和召回率求得，综合反映检测虚警和漏检情况。FoM 衡量 SAR 图像目标检测结果中的真实目标占错误检测为目标以及实际真实目标总和的占比，同样可以综合反映检测虚警和漏检情况。本章以上述指标为基准评价网络的检测性能。

1. 卷积层层数

本部分讨论两级检测网络中卷积层层数的最优设置。首先，固定精检测阶段的超参数，讨论粗检测阶段卷积层数的最优设计。设计四组粗检测网络，其具体的超参数设计如表 5-3 所示。其次，固定粗检测阶段的超参数，讨论精检测阶段卷积层数的最优设计，精检测阶段同样包含四组网络，且其具体超参数设计如表 5-4 所示。并且，为了保证网络不会因复杂度过高而引起过拟合，卷积层层数最大设置为 4 层。

表 5-3　检测网络卷积层层数消融实验的网络超参数设置（粗检测阶段）

网络索引	层数	卷积核个数	卷积核尺寸	Momentum	Dropout 系数
Case-Layer1	1	3	5×5	0.9	0.5
Case-Layer2	2	3, 9	5×5	0.9	0.5
Case-Layer3	3	3, 9, 9	5×5	0.9	0.5
Case-Layer4	4	3, 9, 9, 9	5×5	0.9	0.5

表 5-4　检测网络卷积层层数消融实验的网络超参数设置（精检测阶段）

网络索引	层数	卷积核个数	卷积核尺寸	Momentum	Dropout 系数
Case-Layer5	1	3	5×5	0.9	0.5
Case-Layer6	2	3, 9	5×5	0.9	0.5
Case-Layer7	3	3, 9, 9	5×5	0.9	0.5
Case-Layer8	4	3, 9, 9, 9	5×5	0.9	0.5

检测网络卷积层层数消融实验的结果对比如图 5-9 所示。从图 5-9(a)所示的结果来看，四组指标均反映出 Case-Layer3 对应的检测结果最优。其中，准确率、F_1 得分、FoM 较其他网络至少有 2.10%、2.05%、3.59% 的提升。此外，Case-Layer1 和 Case-Layer3 的召回率相同，均为 92%，至少比其他网络有 0.70% 的提升。因此，粗检测阶段卷积层层数设置为 3。观察图 5-9(b)所示的检测结果，可以发现 Case-Layer7 在四组指标下均获得最优结果。在四组指标下，该网络至少比其他网络有 2.20%、0.67%、2.25%、3.94% 的提升。综上，精检测阶段卷积层层数设置为 3。因此，本章所设计 SAR 图像目标检测网络在

粗检测和精检测阶段均采用 3 层卷积层的结构。

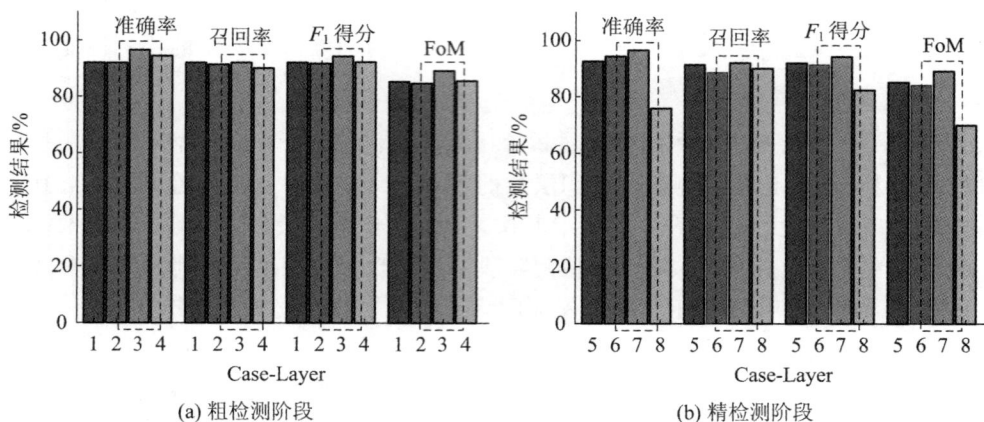

(a) 粗检测阶段   (b) 精检测阶段

图 5-9 检测网络卷积层层数消融实验的结果对比

2. 卷积核个数

本部分讨论检测网络卷积核个数的最优设置。首先，表 5-5 和表 5-6 分别显示了粗检测和精检测阶段四组网络的超参数设置情况。为了避免因网络过于复杂而引起的过拟合，卷积核个数设置数值较小，最大达到 64 个，与经典 CNN 模型比较接近。

表 5-5 检测网络卷积核个数消融实验的网络超参数设置（粗检测阶段）

网络索引	层数	卷积核个数	卷积核尺寸	Momentum	Dropout 系数
Case-KernelNum1	3	2，4，4	5×5	0.9	0.5
Case-KernelNum2	3	3，9，9	5×5	0.9	0.5
Case-KernelNum3	3	5，25，25	5×5	0.9	0.5
Case-KernelNum4	3	8，64，64	5×5	0.9	0.5

表 5-6 检测网络卷积核个数消融实验的网络超参数设置（精检测阶段）

网络索引	层数	卷积核个数	卷积核尺寸	Momentum	Dropout 系数
Case-KernelNum5	3	2，4，4	5×5	0.9	0.5
Case-KernelNum6	3	3，9，9	5×5	0.9	0.5
Case-KernelNum7	3	5，25，25	5×5	0.9	0.5
Case-KernelNum8	3	8，64，64	5×5	0.9	0.5

检测结果如图 5－10 所示。从图 5－10(a)所示的结果来看，四组指标均反映 Case-KernelNum2 对应的检测结果最优。其中，准确率、F_1 得分、FoM 较其他网络至少有 1.36％、0.95％、1.69％的提升。此外，Case-KernelNum2 和 Case-KernelNum4 的召回率相同，均为 92％，比其他网络至少有 0.70％的提升。因此，粗检测阶段卷积核个数设置为"5，25，25"。观察图 5－10(b)，可以发现 Case-KernelNum6 在准确率、F_1 得分、FoM 指标下均可获得最优结果，且至少比其他网络有 0.64％、0.03％、0.07％的提升。在召回率指标下，仅 Case-KernelNum5 比 Case-KernelNum6 高 0.67％。综上，精检测阶段卷积核个数设置为"5，25，25"。因此，在本章所设计检测网络中，将粗检测和精检测阶段的卷积核个数均设置为"5，25，25"。

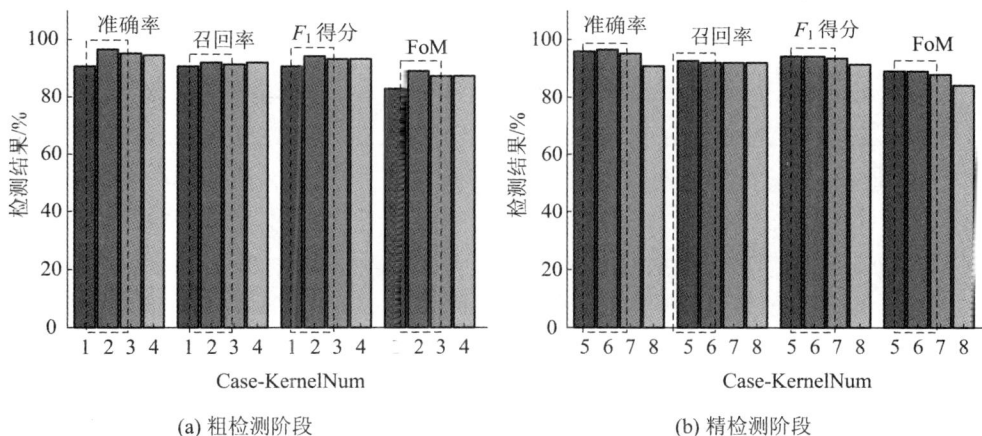

(a) 粗检测阶段　　　　　　　　　　　(b) 精检测阶段

图 5－10　检测网络卷积核个数消融实验的结果对比

3. 卷积核尺寸

本部分讨论检测网络卷积核尺寸的最优设置。首先，固定精检测阶段的超参数，讨论粗检测阶段卷积尺寸数的最优设计。设计四组粗检测网络，其具体的超参数设计如表 5－7 所示。四组设置中仅粗检测阶段卷积核尺寸有差异，其他超参数设置完全相同。其次，固定粗检测阶段的超参数，讨论精检测阶段卷积核尺寸的最优设计，精检测阶段同样包含四组网络，其具体超参数设计如表 5－8 所示。同样保证四组设置中仅精检测阶段卷积核尺寸有差异，其他超参数完全相同。

表 5 - 7　检测网络卷积核尺寸消融实验的网络超参数设置(粗检测阶段)

网络索引	层数	卷积核个数	卷积核尺寸	Momentum	Dropout 系数
Case-KernelSize1	3	3, 9, 9	$3\times3, 4\times4, 3\times3$	0.9	0.5
Case-KernelSize2	3	3, 9, 9	$5\times5, 5\times5, 5\times5$	0.9	0.5
Case-KernelSize3	3	3, 9, 9	$7\times7, 4\times4, 3\times3$	0.9	0.5
Case-KernelSize4	3	3, 9, 9	$9\times9, 3\times3, 3\times3$	0.9	0.5

表 5 - 8　检测网络卷积核尺寸消融实验的网络超参数设置(精检测阶段)

网络索引	层数	卷积核个数	卷积核尺寸	Momentum	Dropout 系数
Case-KernelSize5	3	3, 9, 9	$3\times3, 4\times4, 3\times3$	0.9	0.5
Case-KernelSize6	3	3, 9, 9	$5\times5, 5\times5, 5\times5$	0.9	0.5
Case-KernelSize7	3	3, 9, 9	$7\times7, 4\times4, 3\times3$	0.9	0.5
Case-KernelSize8	3	3, 9, 9	$9\times9, 3\times3, 3\times3$	0.9	0.5

根据图 5 - 11 所示结果可以比较出卷积核尺寸的最优选择。首先,从图 5 - 11(a)所示的结果来看,准确率、F_1 得分、FoM 三个指标均反映 Case-KernelSize2 具有更优检测结果。比其他网络至少分别提升 1.34%、0.29%、0.52%。此外,在召回率方面,仅 Case-KernelSize3 比 Case-KernelSize2 稍高 0.67%,但二者明显高于另外两个网络。综上,粗检测阶段卷积核尺寸设置为 $5\times5, 5\times5, 5\times5$。其次,观察图 5 - 11(b)所示的结果,发现在四组指标下, Case-KernelSize6 明显高于其他网络。具体而言,分别比其他网络至少提升

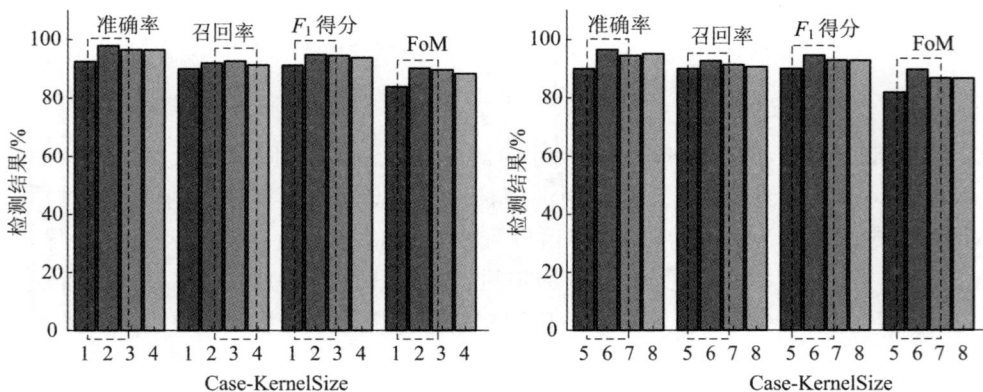

(a) 粗检测阶段　　　　　　　　　　(b) 精检测阶段

图 5 - 11　检测网络卷积核尺寸消融实验的结果对比

1.42%、1.33%、1.68%、2.97%。综上，精检测阶段卷积核尺寸同样设置为 5×5，5×5，5×5。因此，在基于两极 CNN 的 SAR 图像目标检测网络中，将粗检测和精检测阶段的卷积核尺寸均设置为 5×5，5×5，5×5。

4. Momentum 值

本部分讨论 Momentum 值的最优设置。首先，固定精检测阶段的超参数，讨论粗检测阶段 Momentum 值的最优设计。设计四组粗检测网络，其具体的超参数设计如表 5-9 所示。其次，固定粗检测阶段的超参数，讨论精检测阶段 Momentum 值的最优设计。精检测阶段同样包含四组网络，其具体超参数设计如表 5-10 所示。上述 Momentum 需设置在 0~1 范围内。

表 5-9　检测网络 Momentum 消融实验的网络超参数设置(粗检测阶段)

网络索引	层数	卷积核个数	卷积核尺寸	Momentum	Dropout 系数
Case-Momentum1	3	3，9，9	5×5，5×5，5×5	0.3	0.5
Case-Momentum2	3	3，9，9	5×5，5×5，5×5	0.5	0.5
Case-Momentum3	3	3，9，9	5×5，5×5，5×5	0.7	0.5
Case-Momentum4	3	3，9，9	5×5，5×5，5×5	0.9	0.5

表 5-10　检测网络 Momentum 消融实验的网络超参数设置(精检测阶段)

网络索引	层数	卷积核个数	卷积核尺寸	Momentum	Dropout 系数
Case-Momentum5	3	3，9，9	5×5，5×5，5×5	0.3	0.5
Case-Momentum6	3	3，9，9	5×5，5×5，5×5	0.5	0.5
Case-Momentum7	3	3，9，9	5×5，5×5，5×5	0.7	0.5
Case-Momentum8	3	3，9，9	5×5，5×5，5×5	0.9	0.5

检测网络 Momentum 消融实验结果对比如图 5-12 所示。根据如图 5-12 所示结果可以比较出 Momentum 的最优取值。首先，从图 5-12(a)所示的结果来看，四个指标均反映 Case-Momentum3 具有更优检测结果，比其他网络至少分别提升 2.01%、0.67%、1.31%、2.34%。综上，粗检测阶段 Momentum 值设置为 0.7。其次，观察图 5-12(b)所示的结果，发现在四组指标下，Case-Momentum6 明显高于其他网络。具体而言，该网络分别比其他网络至少提升 0.72%、0.67%、0.54%、1.14%。综上，精检测阶段卷积核尺寸设置为 0.5。因此，在基于两级 CNN 的 SAR 图像目标检测网络中，分别将粗检测和精检测阶段的 Momentum 值设置为 0.7 和 0.5。

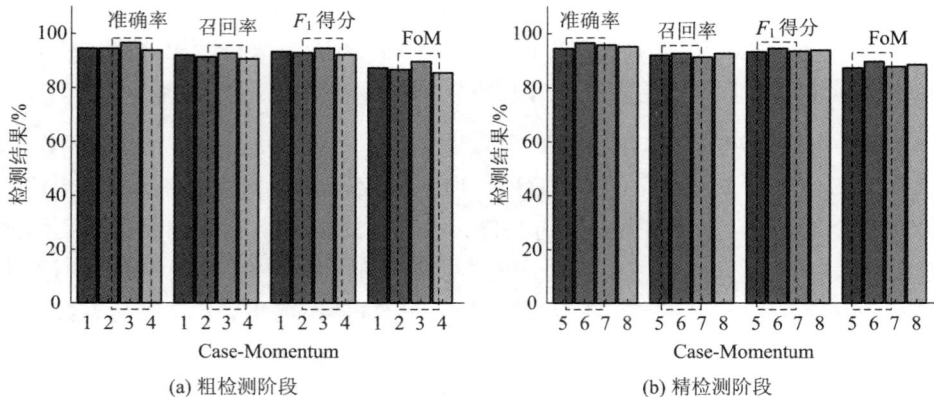

(a) 粗检测阶段　　　　　　　　　　(b) 精检测阶段

图 5 - 12　检测网络 Momentum 消融实验结果对比

5. Dropout 系数

本部分讨论检测网络中 Dropout 系数的最优设置。首先，固定精检测阶段的超参数，讨论粗检测阶段 Dropout 系数的最优设计。设计四组粗检测网络，其具体的超参数设计如表 5 - 11 所示。其次，固定粗检测阶段的超参数，讨论精检测阶段 Dropout 系数的最优设计。同样包含四组网络，且其具体超参数设计如表 5 - 12 所示。并且，Dropout 系数需在 0～1 范围内选取。

表 5 - 11　检测网络 Dropout 系数消融实验的网络超参数设置(粗检测阶段)

网络索引	层数	卷积核个数	卷积核尺寸	Momentum	Dropout 系数
Case-Dropout1	3	3, 9, 9	5×5, 5×5, 5×5	0.9	0.3
Case-Dropout2	3	3, 9, 9	5×5, 5×5, 5×5	0.9	0.5
Case-Dropout3	3	3, 9, 9	5×5, 5×5, 5×5	0.9	0.7
Case-Dropout4	3	3, 9, 9	5×5, 5×5, 5×5	0.9	0.8

表 5 - 12　检测网络 Dropout 系数消融实验的网络超参数设置(精检测阶段)

网络索引	层数	卷积核个数	卷积核尺寸	Momentum	Dropout 系数
Case-Dropout5	3	3, 9, 9	5×5, 5×5, 5×5	0.9	0.3
Case-Dropout6	3	3, 9, 9	5×5, 5×5, 5×5	0.9	0.5
Case-Dropout7	3	3, 9, 9	5×5, 5×5, 5×5	0.9	0.7
Case-Dropout8	3	3, 9, 9	5×5, 5×5, 5×5	0.9	0.8

检测网络 Dropout 系数消融实验结果对比如图 5 - 13 所示。根据图 5 - 13 所示结果可以比较出最优的 Dropout 系数设置情况。首先，从图 5 - 13(a)所示

的结果来看，四个指标均反映 Case-Dropout3 具有更优检测结果。比其他网络至少分别提升 1.32%、0.29%、0.64%、1.14%。综上，粗检测阶段 Dropout 系数设置为 0.7。其次，观察图 5 - 13(b) 所示的结果，发现在四组指标下，Case-Dropout6 明显高于其他网络。具体而言，分别比其他网络至少提升 0.75%、0.67%、0.64%、1.14%。综上，精检测阶段卷积核尺寸设置为 0.5。因此，在基于两级 CNN 的 SAR 图像目标检测网络中，分别将粗检测和精检测阶段的 Dropout 系数设置为 0.7 和 0.5。

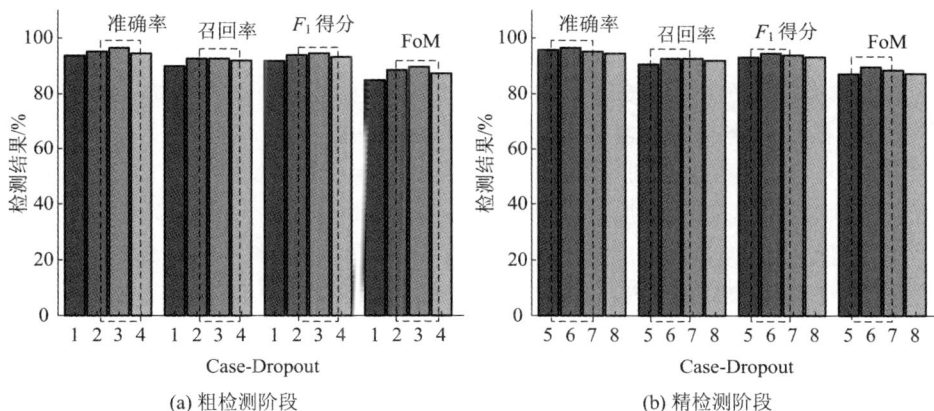

图 5 - 13　检测网络 Dropout 系数消融实验结果对比

综上所述，基于两级 CNN 的 SAR 图像目标检测方法的参数设置情况如表 5 - 13 所示。

表 5 - 13　检测网络超参数设置

检测阶段	卷积层层数	卷积核个数	卷积核尺寸	Momentum	Dropout 系数
粗检测	3	3，3，9	5×5，5×5，5×5	0.7	0.7
精检测	3	3，3，9	5×5，5×5，5×5	0.5	0.5

5.4　实验与分析

5.4.1　数据集构建方法

OpenSARShip 数据集对应的 Sentinel-1 星载 SAR 图像数据中包含大量明

显的鬼影情况。为了验证基于两级 CNN 的 SAR 图像目标检测方法的有效性，以 OpenSARShip 数据集的原始 Sentinel-1 星载 SAR 图像以及其他 Sentinel-1 星载 SAR 图像为基础，建立训练、测试数据集。

　　Sentinel-1 卫星是 GMES 中的地球观测卫星。其包含两个卫星，即 Sentinel-1A 和 Sentinel-1B，且每个卫星均载有 C 波段合成孔径雷达，可提供全天时、全天候的连续图像。如今，Sentinel-1 星载 SAR 图像可以提供一系列服务，包括北极海冰和日常海冰的制图、海洋环境监测、地面运动风险监测、森林测绘等。本章中使用采集自该卫星的 IW 模式 SAR 图像数据。在训练数据集方面，所涉及的原始 Sentinel-1 星载 SAR 场景图像共 227 幅，且每幅 SAR 场景图像大小约为 670×650。根据 AIS 信息以及前文所述求取方位偏移距离的方法，能够确定真实舰船目标以及其对应鬼影虚假目标的位置。本部分使用 LabelImg 工具进行目标与鬼影的相应标注，获得 XML 文件。最后，结合标注结果，对原始 SAR 图像进行切片截取，分别截取 1056 个舰船目标切片、309 个鬼影切片以及大量的背景切片，尺寸均为 40×40。为了避免因数据量不平衡而导致检测效果不佳的情况，分别筛选出尺寸均为 40×40 的目标、鬼影、背景切片各 300 组，构成网络训练数据集 Train-Ship-O。该训练数据集的建立过程如图 5-14 所示。

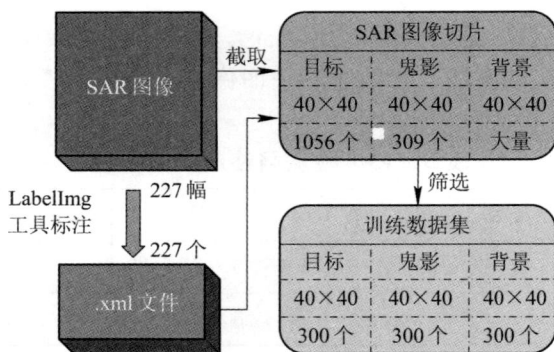

图 5-14　检测网络训练数据集建立过程示意图

　　此外，在训练数据集中，三类图像切片如图 5-15 所示。可以明显看出，鬼影的形状与对应真实目标比较接近，且其能量值也明显高于背景杂波。

　　另外，为了对基于两级 CNN 的 SAR 图像目标检测方法的有效性进行验证，本部分还建立了测试数据集 Test-Ship-O。与训练数据不同，测试数据为整幅 SAR 场景图像。测试数据集包含 50 幅 SAR 图像，每幅 SAR 图像尺寸约为 640×670，总共包含 3660 个舰船目标以及 154 个鬼影虚假目标。

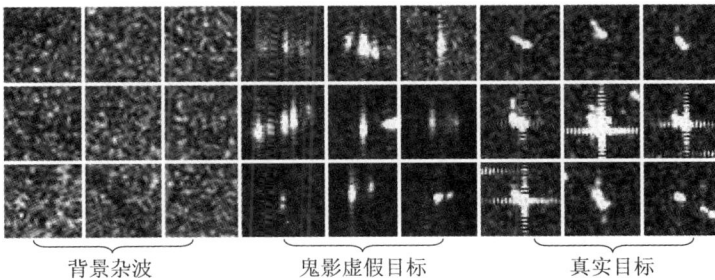

背景杂波　　　　　鬼影虚假目标　　　　　真实目标

图 5-15　检测网络训练数据集中的切片示意图

为了完成真实舰船目标与鬼影虚假目标的标注，本书使用 LabelImg 工具。LabelImg 为一个可视化的图像标注工具。图 5-16 给出了索引值为 57 的 SAR 场景图像的 LabelImg 标注过程。标注结果可直接保存于 XML 文件中，该结果如图 5-17 所示。可以看出，标注结果包含目标类别信息以及其对应在 SAR 图像中的位置信息。该 XML 文件遵循通用的 PASCAL VOC 格式，便于后续进行目标检测方法的对比实验。

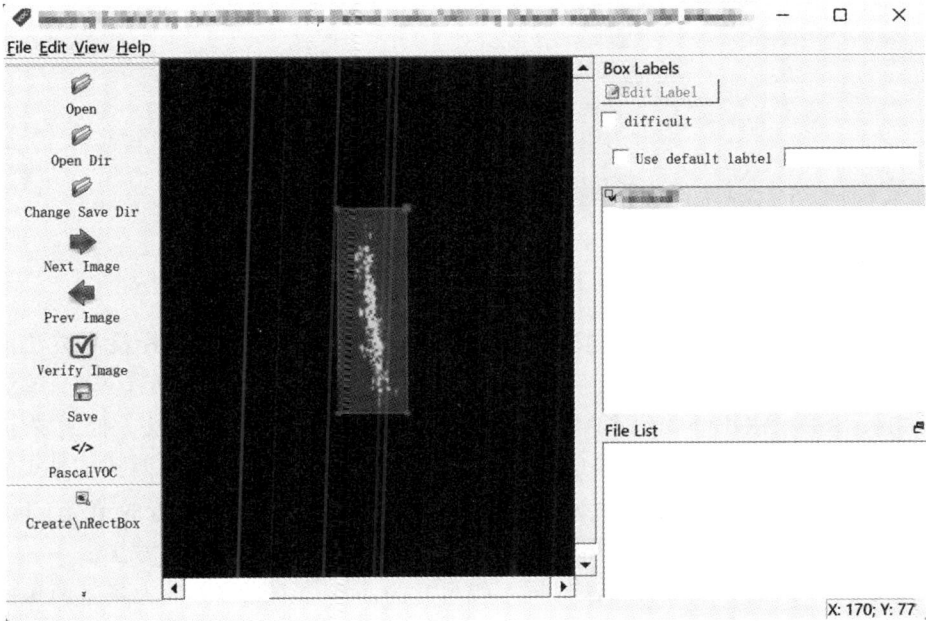

图 5-16　LabelImg 工具标注示意图

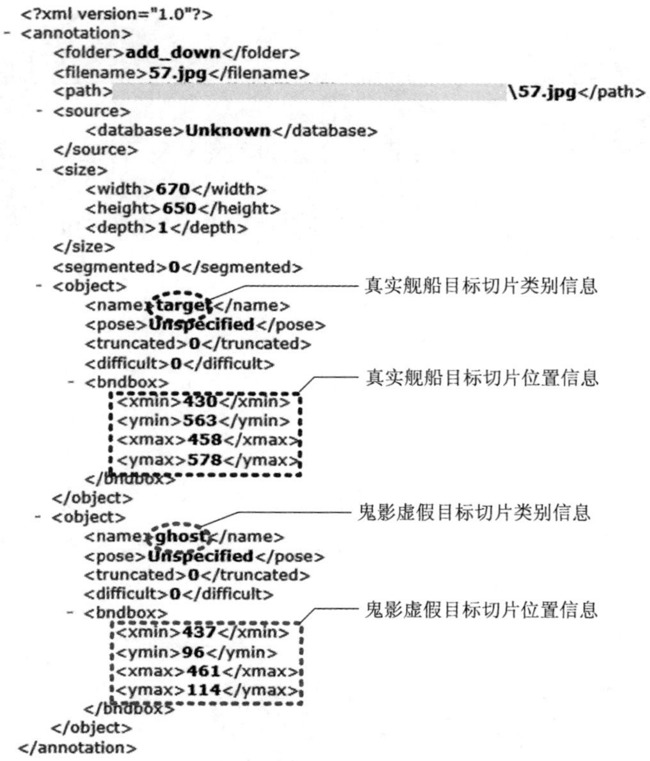

```xml
<?xml version="1.0"?>
- <annotation>
    <folder>add_down</folder>
    <filename>57.jpg</filename>
    <path>                    \57.jpg</path>
  - <source>
      <database>Unknown</database>
    </source>
  - <size>
      <width>670</width>
      <height>650</height>
      <depth>1</depth>
    </size>
    <segmented>0</segmented>
  - <object>
      <name>target</name>            ——— 真实舰船目标切片类别信息
      <pose>Unspecified</pose>
      <truncated>0</truncated>
      <difficult>0</difficult>
    - <bndbox>                        ——— 真实舰船目标切片位置信息
        <xmin>430</xmin>
        <ymin>563</ymin>
        <xmax>458</xmax>
        <ymax>578</ymax>
      </bndbox>
    </object>
  - <object>
      <name>ghost</name>             ——— 鬼影虚假目标切片类别信息
      <pose>Unspecified</pose>
      <truncated>0</truncated>
      <difficult>0</difficult>
    - <bndbox>                        ——— 鬼影虚假目标切片位置信息
        <xmin>437</xmin>
        <ymin>96</ymin>
        <xmax>461</xmax>
        <ymax>114</ymax>
      </bndbox>
    </object>
  </annotation>
```

图 5-17 生成的 XML 文件示意图

5.4.2 检测性能分析

本部分通过对比实验,验证基于两级 CNN 的 SAR 图像目标检测方法的有效性。其中,用于对比的经典检测方法包括 CFAR、低复杂度 CNN、单级 CNN、SSD、YOLOv3。CFAR 为传统 SAR 图像目标检测方法。低复杂度 CNN 主要用于 SAR 图像舰船目标检测。此外,为了证明基于两级 CNN 的 SAR 图像目标检测方法的两级设计的必要性,将与之参数量相近的单级 CNN 作为对比方法。另外,SSD 和 YOLOv3 为基于 CNN 的典型检测方法。

图 5-18 展示了六种方法对同一幅尺寸为 640×670 的 SAR 大场景图像的检测结果。图中,方框标注了实际检测目标结果;实线圆圈标注了由鬼影引起的虚假情况;虚线圆圈标注了漏检目标。据此,当 SAR 图像中无实线圆圈时,说明对应方法未出现虚警;当 SAR 图像中无虚线圆圈时,说明对应方法未出

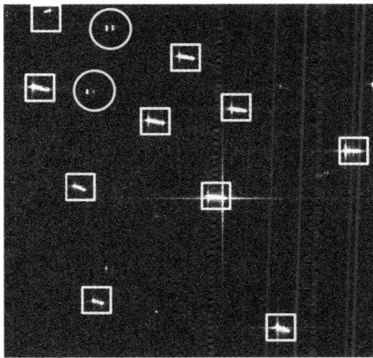

(a) CFAR

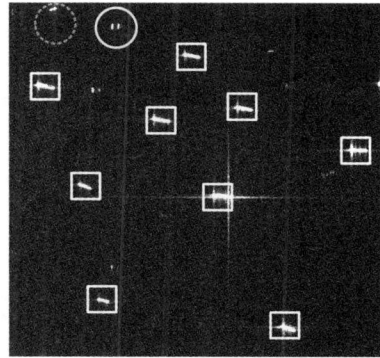

(b) 低复杂度 CNN

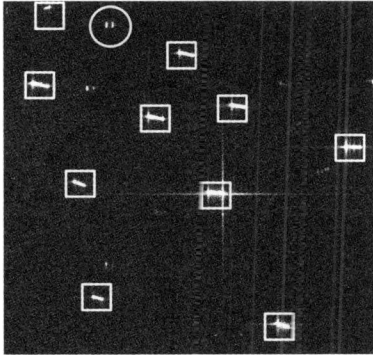

(c) 单级 CNN

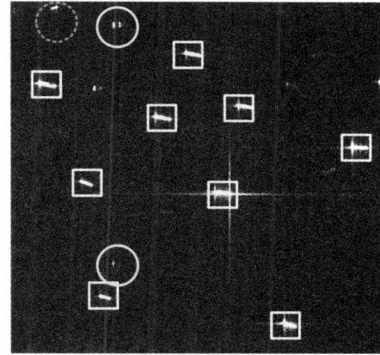

(d) SSD

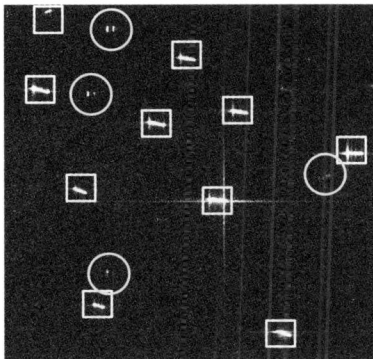

(e) YOLOv3

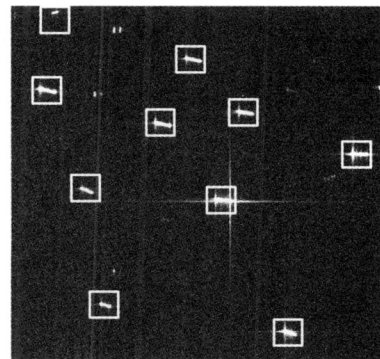

(f) 基于两级 CNN 的 SAR 图像目标检测方法

图 5 - 18　SAR 图像检测的直观效果

现漏检。可以明显看出，图 5 - 18(f)显示的基于两级 CNN 的 SAR 图像目标检测方法对真实舰船目标均能正确检测，且不存在由鬼影虚假目标引起的虚警情况。图 5 - 18(a)显示的 CFAR 检测结果中出现两个鬼影引起的虚警，但不存在漏检现象。图 5 - 18(b)显示的低复杂度 CNN 检测结果中出现一个由鬼影引起的虚警，且存在一个小目标漏检。图 5 - 18(c)显示的单级 CNN 检测结果中出现一个由鬼影引起的虚警，但无漏检。图 5 - 18(d)显示的 SSD 检测结果中出现两个由鬼影引起的虚警，且存在一个小目标漏检。图 5 - 18(e)显示的 YOLOv3 检测结果中出现四个由鬼影引起的虚警，但无漏检。

为了验证上述现象的普遍性，本部分对这六种方法进行检测性能的定量比较。首先，分别求出六种方法对应的准确率-召回率（Precision-Recall，PR）曲线，如图 5 - 19 所示。可以明显看出，基于两级 CNN 的 SAR 图像目标检测方法检测效果最优。当召回率在 93% 左右时，所提方法对应的准确率达到 96% 以上。与基于两级 CNN 的 SAR 图像目标检测方法检测性能比较接近的是单级 CNN 方法，其同样在召回率达到 93% 左右时，准确率处于 92% 左右。此外，其他四种方法的检测效果比较接近，但与基于两级 CNN 的 SAR 图像目标检测方法仍有明显差距。

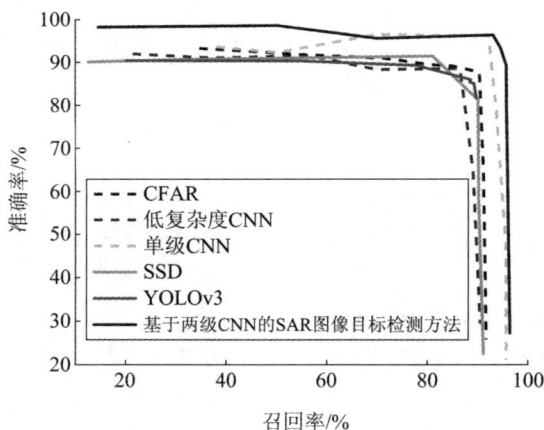

图 5 - 19　PR 曲线对比

此外，当 IoU 为 0.7 时，统计六种方法的准确率、召回率、F_1 得分、FoM 情况，并且对图 5 - 19 所示的 PR 曲线求 AP，结果如表 5 - 14 所示。其中，AP 为 PR 曲线左下角覆盖的面积，其对应定义式为

$$AP = \int_0^1 p(r)\,\mathrm{d}r \qquad (5-11)$$

表 5 - 14　六种目标检测方法对比

检测方法	准确率/%	召回率/%	F_1 得分/%	FoM/%	AP/%
CFAR	89.10	85.12	87.06	84.00	0.7213
低复杂度 CNN	88.53	86.42	87.46	84.57	0.6856
单级 CNN	93.36	**94.50**	93.93	88.83	0.7411
SSD	91.43	81.00	85.90	80.11	0.6460
YOLOv3	85.42	88.33	86.85	84.23	0.7063
基于两级 CNN 的 SAR 图像目标检测方法	**96.53**	92.67	**94.56**	**89.68**	**0.7952**

为了能够显著表现检测性能对比结果，将表 5 - 14 中每种指标下最优检测效果加粗标注。根据该结果，在除召回率外的其他指标下，均可显示出基于两级 CNN 的 SAR 图像目标检测方法的检测性能优势。仅单级 CNN 方法的召回率略优于基于两级 CNN 的 SAR 图像目标检测方法，其他四种方法距二者有较大距离。针对表 5 - 14 的结果进行如下分析。

（1）表 5 - 14 中显示基于两级 CNN 的 SAR 图像目标检测方法的检测准确率达到 96.53%，明显优于其他方法。由式（5 - 7）可以看出，准确率指标主要反映真实目标检测数量固定情况下的检测虚警情况。考虑到本章主要针对鬼影虚假目标对检测结果产生虚警的问题展开研究，且所提方法中精检测阶段的处理任务即鬼影虚假目标的辨识。因此，在最终检测结果中虚警明显减少，且优于其他方法，这正好印证了基于两级 CNN 的 SAR 图像目标检测方法的有效性。

（2）表 5 - 14 中显示基于两级 CNN 的 SAR 图像目标检测方法的检测召回率达到 92.67%，仅略低于单级 CNN 的 94.50%，但依然明显优于其他方法。由式（5 - 8）可以看出，召回率指标主要反映真实目标检测数量固定情况下的检测漏检情况。该现象说明基于两级 CNN 的 SAR 图像目标检测方法在减少鬼影虚假目标带来的虚警的同时，能够保证漏检不发生明显增加。

（3）表 5 - 14 中 F_1 得分、FoM 以及 AP 指标情况均显示出基于两级 CNN 的 SAR 图像目标检测方法达到最优结果。由式（5 - 9）、式（5 - 10）以及式（5 - 11）可以看出，这三个指标可以综合反映检测虚警和漏检两个方面的性能。而基于两级 CNN 的 SAR 图像目标检测方法均有六种方法中的最优表现，证明了该方法的有效性。

5.4.3　斑点噪声影响条件下的 SAR 图像目标检测性能分析

本书第 4 章研究了斑点噪声对 SAR 图像质量的影响情况，并提出了基于

CNN 的 SAR 图像斑点噪声抑制方法。为了完善对基于两级 CNN 的 SAR 图像目标检测性能的评价，本部分分别对测试样本加入不同水平的斑点噪声，再基于两级 CNN 的 SAR 图像目标检测方法进行检测处理，观察检测结果的变化情况，从而分析斑点噪声对本章所提方法检测性能的影响。

具体而言，本部分首先建立受斑点噪声影响的测试数据集。生成随机斑点噪声矩阵，其均服从 Gamma 分布且噪声参数 L 包括 14 种情况，即 0.2、0.5、1、1.2、1.5、1.8、2、3、5、8、10、20、40、80。在每个参数情况下，通过蒙特卡洛仿真方法获得 50 组大小为 640×670 的仿真噪声矩阵，并分别加入 Test-Ship-O 数据集的每个样本中，即保证新生成的测试数据集中每个测试样本均加入了独立同分布的斑点噪声。新生成的测试数据集中每个样本的图像质量均受到斑点噪声的影响，且影响情况随噪声参数的变化而改变。在此基础上，本部分对 14 组测试样本进行基于两级 CNN 的 SAR 图像目标检测方法的检测性能测试，检测结果如图 5-20 所示。可以看出，准确率、召回率、F_1 得

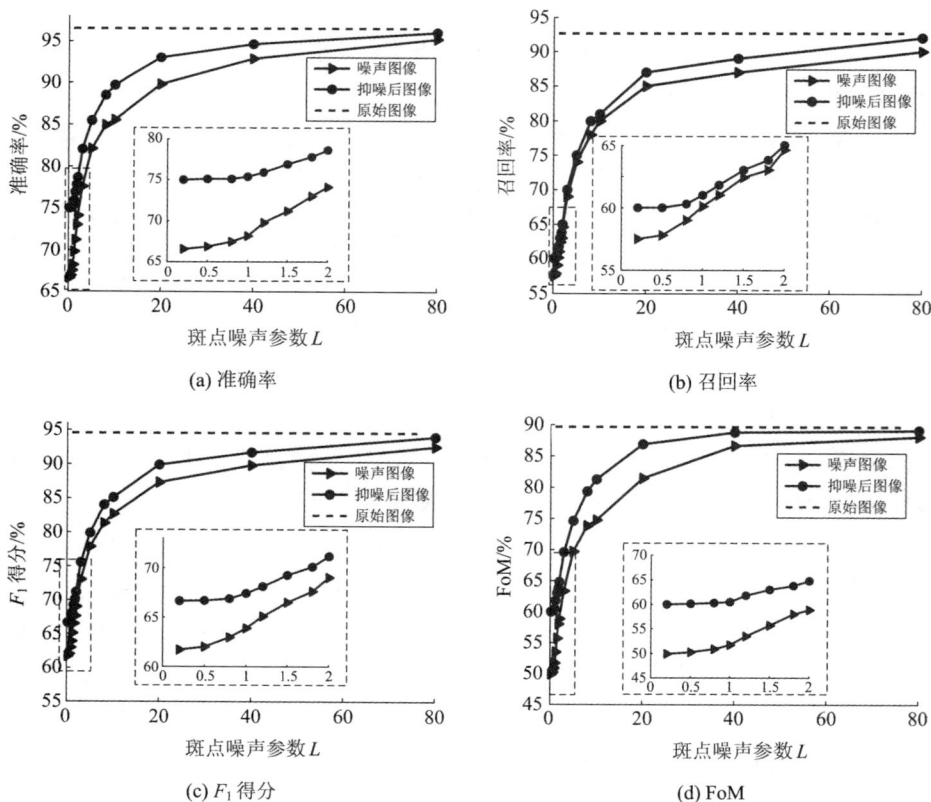

(a) 准确率

(b) 召回率

(c) F_1 得分

(d) FoM

图 5-20 斑点噪声对网络检测性能的影响测试结果

分、FoM 结果均随着 L 值的增加而增加。当 $L=80$ 时，检测结果接近对原始图像进行检测的结果。该结果说明图像受到斑点噪声影响后，检测性能也有所下降，且加入斑点噪声越强，检测效果越差。

基于第 4 章所提方法，本部分首先对测试图像斑点噪声进行抑制处理，进而对抑噪处理后的样本进行检测，检测结果如图 5-20 所示。为了比较强斑点噪声对检测性能的影响，局部放大了图 5-20 中 $L<2$ 的部分，重点比较了是否结合抑噪处理所对应的检测结果。从对比结果可以看出，经过斑点噪声抑制处理后，检测效果较抑噪处理前有所提升。尤其在局部放大的强斑点噪声情况下准确率、F_1 得分、FoM 指标提升明显。在 $L=0.2$ 时，上述三个指标分别增长 8.41%、4.95% 以及 10.08%。即使召回率提升较少，但在 $L=0.2$ 时也有 2.50% 的增长。这也再次证明了斑点噪声抑制处理能够有效提升图像质量，使测试数据与训练数据更为接近，进而通过将抑噪处理与检测处理相结合提升了检测效果。

5.5　本章小结

本章围绕鬼影虚假目标引起 SAR 图像目标检测虚警的问题，提出了一种基于两级 CNN 的 SAR 图像目标检测方法。该方法根据任务差异，将检测方法划分为两个阶段，且两个阶段的处理分别关注其对应任务。粗检测阶段任务为疑似目标的提取，精检测阶段任务为鬼影虚假目标与真实目标之间的区分。为了完成两级 CNN 模型的训练，本书以鬼影的生成原理作为切入点，设计其标注方法，并以此弥补了精检测阶段鬼影训练数据缺失而难以进行监督学习模型训练的问题。

基于 OpenSARShip 数据集中目标切片所对应的大场景 Sentinel-1 星载 SAR 图像展开了检测性能的对比实验。实验结果显示，基于两级 CNN 的 SAR 图像目标检测方法在有效抑制鬼影引起的虚警同时保证漏检无明显增加。例如，当 IoU 为 0.7 时，基于两级 CNN 的 SAR 图像目标检测方法的检测准确率比其他方法至少高出 3.17%，而召回率仍处于多个检测方法对应结果的较高水平。另外，本章还进行了斑点噪声对检测结果影响的分析实验。实验证明：将第 4 章所提抑噪处理方法与基于两级 CNN 的 SAR 图像目标检测方法相结合，可以有效提升受到斑点噪声影响的 SAR 图像的目标检测效果。

第 6 章

基于 CNN 的 SAR 图像目标识别方法

针对 SAR 图像固有斑点噪声对 SAR 图像目标识别效果造成影响的问题，本章重点讨论基于 CNN 的 SAR 图像目标识别方法。具体而言，本章首先介绍经典的 SAR 图像目标识别方法，之后通过实验论证斑点噪声对 SAR 图像目标识别效果的影响情况，最后介绍具有较强鲁棒性的基于 CNN 的 SAR 图像目标识别方法及实验分析结果。

6.1 经典的 SAR 图像目标识别方法

SAR 图像目标识别是遥感领域应用研究的一个重要内容。它通过研究目标散射回波来提取目标特征、分析目标特征，从而对不同类型目标自动分类。SAR 图像目标识别在军事侦察、农业估产、资源规划、海洋目标检测等多方面有较大应用潜力。经典的 SAR 图像目标识别方法一般分为三个步骤：SAR 图像预处理、SAR 图像目标的特征提取与选择、SAR 图像目标的分类。SAR 图像预处理包括 SAR 图像对比度增强、滤波平滑等，用于增强 SAR 图像质量，为后续特征提取与选择、分类等操作提供良好的 SAR 图像基础。

6.1.1 SAR 图像目标的特征提取与选择

SAR 图像目标的特征提取与选择是目标识别效果的关键因素。SAR 图像的特征可以分为直接特征和间接特征。形状、大小、色调和阴影是地物属性在图像上的直接反应，称为直接特征；而纹理、位置布局和活动特征是被分析对象与周围环境在图像上的综合表现，称为间接特征。不同的特征是从不同的角度反映目标的性质，它们之间既有区别又有联系。一般来说，从灰度和纹理中提取信息是 SAR 图像特征提取的两大主要手段。

1. 灰度特征

用黑色调表示物体，即用黑色作为基准色，以不同饱和度的黑色来显示图像。图像中每个像素的取值范围为 0～1，该值为灰度特征。灰度特征是图像最基本的特征，不同物体之间的灰度特征有差别，每个物体的灰度特征都有其自身的特点和规律。因此，对灰度特征的理解是对 SAR 图像解译的基础。SAR 图像中的灰度特征与一般光学图像中的灰度特征表现形式有很大的不同。一般的光学图像以灰度值的明暗来表达不同的特征，理想的情况下，往往用某一灰度值表示某一地类，或以灰度值的不同区间来区别不同的目标。而 SAR 图像由于相干斑噪声的存在及其特殊的乘性性质，即使是均匀区域，灰度值的不同也反映为较为明显的跳跃式灰度明暗变化。根据 SAR 图像的乘性噪声模型假设，从信号分析的角度出发，可以认为 SAR 图像的灰度信号是由一个白噪声调制雷达截面散射图而得到的。因此，SAR 图像的信息既包含在灰度强度的变化中，又包含在相干斑噪声的分布模型中。事实上，也有相关研究尝试根据斑点噪声的存在与否及概率分布情况识别地物情形或地物目标。除此之外，图像是以灰度值变化的统计规律本身来反映地表目标的相关信息，而不是灰度值。因此，图像的理解应首先建立在对图像中目标特性的正确认识与利用之上。

2. 纹理特征

纹理特征是一种图像的全局特征，用于描述图像或图像区域所对应目标的表面性质，例如图像纹理的粗细、密疏等特征。纹理特征在图像分类和图像分析中是很重要的特征。最近几年，纹理特征在遥感图像模式识别领域得到了广泛的应用。对于单波段、单极化的 SAR 图像，纹理特征更加重要，因为它是除灰度信息外最重要的信息。

近年来，利用纹理特征参与图像分类成为提高分类精度的重要手段。纹理特征由于描述了地物的结构信息，因此满足人们一直寻求的基于结构特征的图像分类和信息提取需求，是当前地物分类和信息提取的研究热点。纹理特征有三种主要的分析方法，即结构分析法、频谱分析法和统计分析法。

1）结构分析法

结构分析法研究基元及其空间关系。基元的一般定义为具有某种属性而彼此相连的单元的集合，其属性包括灰度值、连通区域的形状、局部一致性等。

空间关系包括基元的相邻性、在一定角度范围内的最近距离等。根据基元间的空间联系，纹理特征可以分为弱纹理特征或强纹理特征。

2）频谱分析法

频谱分析法是依据傅里叶频谱，根据峰值所占的能量比例将图像分类。频谱分析法包括计算峰值处的面积、峰值处的相位、峰值与原点的距离平方，两个峰值间的相角差等手段。

3）统计分析法

统计分析法有自相关函数、纹理边缘、结构元素、灰度的空间共生概率和自回归模型。统计方法将纹理特征描述为光滑、粗糙、粒状等。统计分析法中比较常用的方法是灰度共生矩阵、分形维数、马尔可夫随机场以及半变异函数等，其中，灰度共生矩阵应用比较广，也是效果比较好的模型，它反映了图像关于方向和变化幅度的综合信息，可作为分析图像基元和排列结构的信息。分形维数方法是基于分形几何的一种分类方法，该方法在定性上与人类感知的粗糙度或纹理相匹配；在定量方面，也提供了一个自动分析方法，主要测度是分形的维度，因而常常会出现"同分形维度，但不同纹理"的情形。马尔可夫随机场模型仅考虑了当前像素和邻域像素的相关性，揭示了纹理的高频特征，忽视了较多的低频特征。马尔可夫随机场适用于具有相对较小的邻域 SAR 图像情形。

6.1.2 SAR 图像目标的分类

分类是指根据特征提取器得到的特征向量赋予一个被测对象一个类别标记。广义上，任何设计分类器时所用的方法，只要它利用了训练样本的信息，都可以认为这个分类器运用了学习算法。建造分类器的过程涉及给定一般的模型或分类器的形式，再利用训练样本去学习或估计模型的未知参数。这里的学习是指用某种算法来降低训练样本的分类误差。基于梯度下降的算法是学习分类模型的主流算法，其能够调节分类器的参数，使它朝着能够降低误差的方向前进。用于分类的学习算法通常分为以下几种。

1. 监督分类

在事先知道类别的有关信息（即类别的先验知识）的情况下，对未知类别的样本进行分类的方法为监督分类。通过监督分类，不仅可以知道样本的类别，甚至可以给出样本的一系列描述。

假设空间为 $H = \{f : R^N \rightarrow Z\}$, (x_1, y_1), (x_2, y_2), $\cdots$, $(x_l, y_l) \in R^N \times Y$,

其中，x_i 是训练样本，y_i 是类别标记，且 (x_i, y_i) 与概率密度函数 $P(x, y)$ 具有独立同分布关系。监督分类的目标是，在假设空间 H 中选择函数 f，使 $R(f) = \int c(y, f(x)) P(x, y) \mathrm{d}x \mathrm{d}y$ 最小化，这里 $c(y, f(x)): Y \times Z \to R$ 是代价函数。$R(f) = \int c(y, f(x)) P(x, y) \mathrm{d}x \mathrm{d}y$ 就是监督分类问题的泛化性能，而 $R_{\mathrm{emp}}(f) = \sum_{i=1}^{l} c(y_i, f(x_i)) / l$ 称为经验风险。显然，泛化性能是关于分布的，而经验风险是关于数据的，当样本空间为样本集合且每个样本出现的概率相同时，泛化性能为经验风险。

常用的监督分类算法包括贝叶斯决策、BP 算法等。首先，简述贝叶斯决策方法的工作过程。设 SAR 图像的类别数目为 s，分别用 $c_1, c_2, \cdots, c_s$ 来表示每个类别的先验概率，分别为 $P(c_1), P(c_2), \cdots, P(c_s)$。设有位置类别的样本 X，其类条件概率分别为 $P(X|c_1), P(X|c_2), \cdots, P(X|c_s)$。根据贝叶斯定理可以得到样本出现的后验概率为

$$P(c_i|X) = \frac{P(X|c_i)P(c_i)}{P(X)} = \frac{P(X|c_i)P(c_i)}{\sum_{i=1}^{s} P(X|c_i)P(c_i)}, \quad i = 1, 2, \cdots, s$$

$$(6-1)$$

之后，以样本 X 出现的后验概率为判别函数来确定样本 X 的所属类别，判别准则为：如果

$$P(c_i|X) = \max_{j=1}^{s} P(c_j|X)$$

$$(6-2)$$

则 $X \in c_i$。

在式（6-1）中，分母是与类别无关的常数，因此可以不考虑分母对 $P(c_i|X)$ 的影响。在处理过程中，把训练样本的先验概率转化为后验概率，并以此确定样本的所属类别，先验概率 $P(c_i)$ 根据对采样样本的统计计算给出，类的条件概率 $P(X|c_i)$ 则需根据事先选定的 SAR 图像分布统计模型的先验知识得到。

BP 算法是另一典型的监督分类方法。其中，径向基函数神经网络（Radial Basis Function Neural Netwc-k, RBFNN）是结合参数化的统计分布模型与非参数化的线性感知器模型的一种前向神经网络模型。它的映射原理是用分解的统计密度分布来拟和表示样本空间中的复杂稀疏分布，然后用神经网络感知器模型获得与类别的线性映射关系。其具有网络结构简单、学习速度快、可融合

邻域知识等优势。大部分监督分类算法本质上属于一次收敛的学习算法，不可避免地存在局部极小值且学习速度过慢问题，且存在误差，会在极点附近出现震荡现象，从而难以获得误差的全局最小值以及学习参数的最优解。

2. 非监督分类

在事先没有类别的先验知识情况下对未知类别的样本进行分类的方法称为非监督分类，其中具有代表性的算法为聚类算法。以下是非监督分类的数学描述。

设 Z 是指标集，假设空间为 $H = \{f: Z \rightarrow R^N\}$，$x_1, x_2, \cdots, x_i \in R^N$，其中，$x_i$ 是训练样本，且 x_i 与概率密度函数 $P(x)$ 具有独立同分布关系。非监督分类的目标是在假设空间 H 中选取函数 f，使 $R(f) = \int \min c(x, f(z)) P(x) \mathrm{d}x$ 最小化，这里 $c(x, f(z)): R^N \times Z \rightarrow R$ 是代价函数。$R(f) = \int \min c(x, f(z)) P(x) \mathrm{d}x$ 就是非监督分类问题的泛化性能。而 $R_{\mathrm{emp}}(f) = \sum\limits_{i=1}^{l} \min c(x_i, f(z))/l$ 称为经验风险。

动态聚类的目标是把 n 个样本划分到 c 个类别中的一个，使各个样本与其所在类均值的误差平方和最小，即使下式的准则函数最小。

$$J_c = \sum_{i=1}^{l} \sum_{y \in \Gamma_i} \| y - m_i \|^2 \qquad (6-3)$$

其中，m_i 为第 i 个样本均值，$y \in \Gamma_i$ 是分到第 i 类的所有样本。使这一准则最小的方法就是 C 均值方法。模糊 C 均值方法是将这种硬分类变为模糊分类。

假设 $\{x_i, i = 1, 2, \cdots, n\}$ 是 n 个样本组成的样本集合，c 为预定的类别数目，$m_i, i = 1, 2, \cdots, c$ 为每个聚类的中心，$\mu_j(x_i)$ 是第 i 个样本对 j 类的隶属度函数。用隶属度函数定义的聚类损失函数可以写为

$$J_f = \sum_{j=1}^{c} \sum_{i=1}^{n} [\mu_j(x_i)]^b \| x_i - m_j \|^2 \qquad (6-4)$$

其中，$b > 1$ 是一个可以控制聚类结果的模糊程度的常数。在不同的隶属度定义方法下最小化式（6-4）的损失函数，就得到不同的模糊聚方法。其中，最有代表性的是模糊 C 均值方法，它要求一个样本对各个聚类的隶属度之和为 1，即

$$\sum_{j=1}^{c} \mu_j(x_i) = 1, \ i = 1, 2, \cdots, n \qquad (6-5)$$

在式（6-5）下求式（6-4）的极小值，令 J_f 对 m_i 和 $\mu_j(x_i)$ 的偏导数为 0，再运用迭代方法求解，即为模糊 C 均值算法。

3. 半监督分类

　　传统的监督分类需要使用很多具有概念标记的训练样本，然而，在很多实际的机器学习和数据挖掘应用中，虽然可以很容易地获得大量训练样本，但为训练样本提供概念标记却往往需要大量的人力和物力。例如，在进行网页分类时，可以很容易地从网上获取大量的网页，为网页提供类别信息却要花费大量的时间。如果能够充分利用大量的无标记的训练样本，也许可以弥补有标记训练样本的不足。正是这一需求促进了半监督分类的出现。

　　目前，已经出现了很多有效的半监督分类方法。这些方法的共同点是先基于有标记的训练样本训练出一个分类器，利用该分类器来挑选一些合适的无标记的样本并对其进行标记，然后利用这些新的有标记样本对分类器进行进一步的精化。比较有代表性的做法包括利用朴素贝叶斯这类生成式模型，通过算法标记估计和参数估计，通过转导推理（Transductive Inference）来优化特定测试集上的性能，利用独立冗余的属性集来进行协同训练等。其中的关键是选择合适的无标记样本进行标记。值得注意的是，现有的半监督分类方法的性能通常不太稳定，而半监督分类技术在什么样的条件下才能够有效地改善学习性能，这仍然是一个未解决的问题。因此，尽管半监督分类技术在文本分类等领域已经成功应用，但该技术仍然有很多问题需要进一步深入研究。

6.2　斑点噪声对 SAR 图像目标识别效果的影响分析

　　由第 4 章内容可知，斑点噪声会影响 SAR 图像质量，从而增加 SAR 图像目标的识别难度。传统 SAR 图像目标识别方法一般包含特征提取和分类两个步骤。其中，典型的用于 SAR 图像目标识别的特征包括几何特征、数学特征等。几何特征包括连通区域个数、几何质心、偏心率、直径、周长、长宽比等。数学特征包括复 Zernike 矩特征、Hu 不变矩特征等。在保证同类目标差异较小的前提下，特征提取处理会增加不同类型目标之间的差异，降低辨识难度。此外，分类器的作用是实现基于所提取特征的类型划分，典型方法包括 k 近邻、SVM 等。

　　当 SAR 目标图像受到斑点噪声的影响时，图像质量明显下降，不同类目标的特征差异减小，分类器的适应性降低，最终导致传统方法的识别结果恶化。与传统目标识别方法不同，基于 CNN 的 SAR 图像目标识别方法对先验信息的需求较低。其假设输入图像具有一定的通用性，并以固定模式展开处理，省略了人为设计特征提取的流程。并且，模型中的具体参数取值可通过训练过程自主确定。该模型训练是以数据为驱动、识别为任务的目标优化学习过程。因此，本章提出强斑点噪声影响下基于 CNN 的 SAR 图像目标识别方法。

为了说明斑点噪声会给 SAR 图像目标识别效果带来影响，本部分以经典 CNN 模型，即 AlexNet 为基础，进行 SAR 图像目标识别任务的迁移，进而对迁移后的网络进行不同质量 SAR 图像目标的识别效果测试。具体地，本部分以 AlexNet 模型结构为基础，分别进行 MSTAR 数据集、OpenSARShip 数据集的训练。获得两个能够实现 10 类地面车辆目标和 3 类海上舰船目标的识别网络，得到测试识别准确率分别为 97.24％和 99.23％。进而，对合成不同水平仿真斑点噪声后的 SAR 目标图像进行识别测试，测试结果如图 6-1 所示。

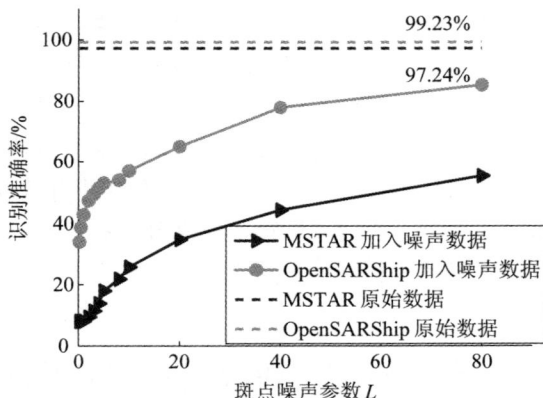

图 6-1 不同水平图像识别测试结果

根据图 6-1 可以看出，一旦为原始数据加入噪声，即使加入噪声的水平较弱（L 值较大），识别准确率同样会有所降低。并且，随着加入的斑点噪声水平的增强，识别准确率下降程度逐渐增加。特别地，当 $L=0.2$ 时，MSTAR 数据集、OpenSARShip 数据集识别率分别接近 10％和 33％。其中，两数据集的目标类型总数分别为 10 类和 3 类。换言之，在 $L=0.2$ 的情况下，两识别网络不具备 SAR 图像目标类型识别的能力。综上，经典的 CNN 模型难以适应 SAR 目标图像中不同程度的斑点噪声情况，难以保证识别结果的平稳及优越。

为了找到加入斑点噪声后识别准确率下降的原因，本部分对 MSTAR 数据集中单一一幅 2S1 类型的 SAR 目标图像进行分析。在测试过程中，当 $L=0.2$、1、2 时，该图像被错误识别；但对 $L=20$ 以及原始无合成斑点噪声的 SAR 目标图像进行识别时，识别结果正确。图 6-2 展示了不同噪声水平影响下的 SAR 目标图像情况。

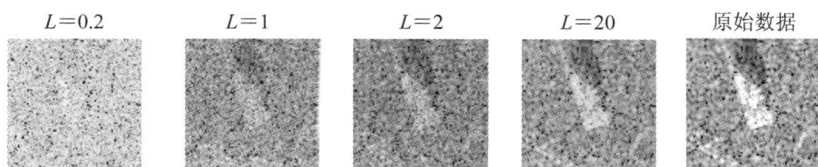

图 6-2 SAR 图象在不同噪声水平影响下的成像结果

在此基础上，分别进行特征图、特征向量的情况分析，讨论导致识别结果出现差异的原因。分别将五组图像输入网络，并通过傅里叶变换求出第一层输出特征图的幅度谱，结果如图 6-3 所示。其中，图 6-3 显示的幅度谱已进行了归一化处理以及中心化处理。可以明显看出，随着加入斑点噪声水平 L 的增加，高频段幅度谱包含的能量有所增强。换言之，观察幅度谱变化情况可得，随着图像质量的提升，第一层卷积处理能保留更多的高频细节信息。

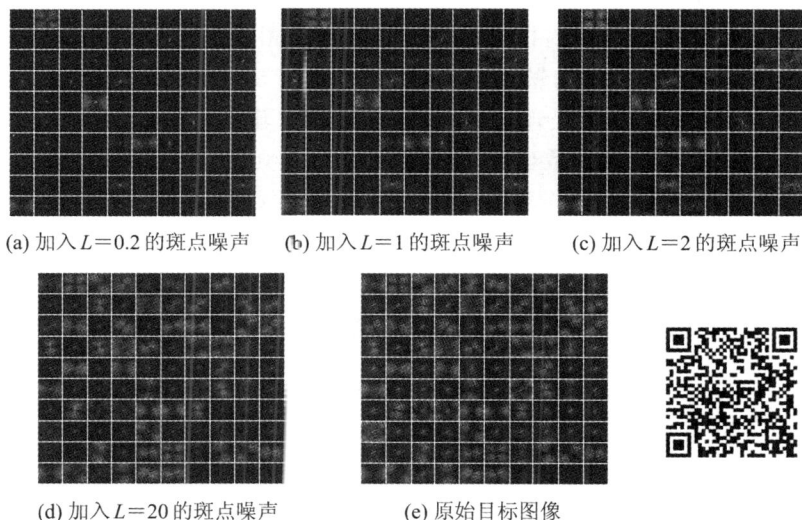

(a) 加入 $L=0.2$ 的斑点噪声 (b) 加入 $L=1$ 的斑点噪声 (c) 加入 $L=2$ 的斑点噪声

(d) 加入 $L=20$ 的斑点噪声 (e) 原始目标图像

图 6-3 不同噪声水平影响下识别网络第一层卷积层输出特征图幅度谱情况

另外，统计五组特征图幅度谱中非零频段的能量和分布情况，结果如图 6-4 所示。可以发现，图像质量越差，其对应低能量部分的占比越大。进而，分别对加入 $L=0.2$、1、2、20 的斑点噪声情况下的特征图幅度谱分布与原始图像逐段求差，并将差值求和，得到结果分别为 1.6669、1.3563、1.1712、0.7921。这说明，当加入斑点噪声较弱，SAR 图像质量水平较优时，其第一层卷积层特征图的幅度谱非零频段能量和分布与原始图像更为接近。

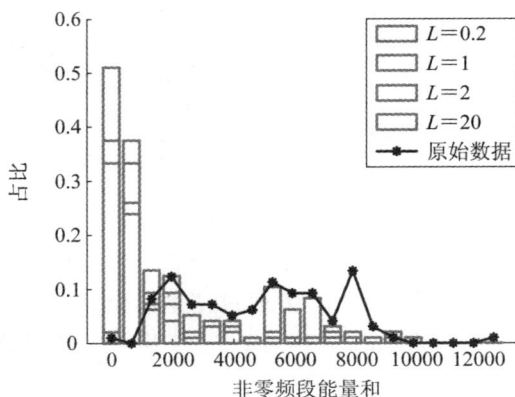

图 6-4　第一层卷积层输出特征图幅度谱高频段能量分布情况

　　随后，对识别网络的全连接层进行分析。分别求出合成 SAR 目标图像与原始图像所得到的三层全连接层输出特征向量的相关系数，结果如表 6-1 所示。该系数值越大，特征向量越相似。可以明显看出，随着合成斑点噪声水平 L 的增加，图像质量有所提升，任何一层全连接层输出的特征向量与原始图像的特征向量之间的相关系数也有所增加，识别结果也与原始图像更接近。

表 6-1　带噪声图像的全连接层输出特征向量与原始 SAR 图像的相关系数情况

全连接层索引	L			
	0.2	1	2	20
第一层	0.0396	0.2269	0.2747	0.6694
第二层	0.1929	0.3710	0.4346	0.7690
第三层	0.0871	0.2417	0.2753	0.7260

6.3　强斑点噪声影响下基于 CNN 的 SAR 图像目标识别方法

6.3.1　网络结构

　　本部分主要对强斑点噪声影响下基于 CNN 的 SAR 图像目标识别方法进行网络结构介绍，该网络结构如图 6-5 所示。

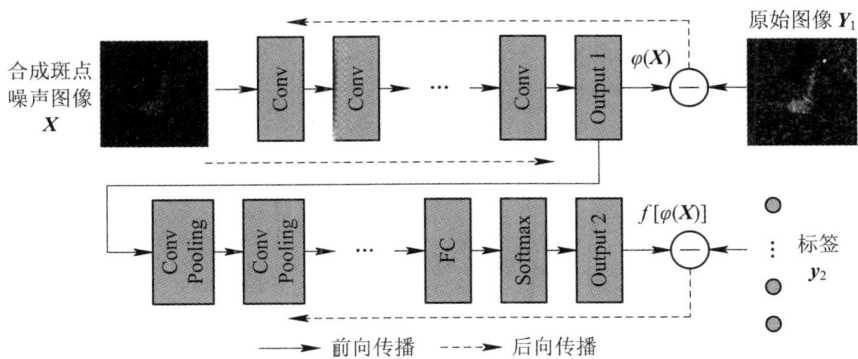

图 6-5 基于 CNN 的 SAR 图像目标识别网络结构

该网络的核心是在识别处理前加入了第 4 章研究的抑噪处理，并将两阶段进行了耦合连接。通过两阶段处理，联合学习 SAR 目标图像特征，提升了识别的鲁棒性。具体而言，其首先通过斑点噪声抑制处理对合成斑点噪声后的图像 $\boldsymbol{X}$ 进行处理，得到图像质量提升后的 SAR 目标图像 $\varphi(\boldsymbol{X})$；其次，对前一阶段处理得到的图像进行基于 CNN 的特征提取，得到目标分类标签 $f[\varphi(\boldsymbol{X})]$。在训练过程中，为了实现网络参数的更新，需进行 SGD 的网络参数优化，即对抑噪与识别两个阶段分别计算损失函数，并基于该损失求出对应梯度。其中，在单次反向传播过程中，识别阶段的参数更新仅与识别部分对应的损失梯度以及正则化项有关，但抑噪阶段的参数更新同时受到两部分损失梯度以及正则化项的影响。据此，该网络的损失函数可表示为

$$L(\boldsymbol{w}) = \parallel f[\varphi(\boldsymbol{X})] - \boldsymbol{y}_2 \parallel_2 + \lambda \cdot \parallel \varphi(\boldsymbol{X}) - \boldsymbol{Y}_1 \parallel_2 + \eta \cdot \parallel \boldsymbol{w} \parallel_1 \quad (6-6)$$

其中，$\boldsymbol{Y}_1$ 为原始高质量 SAR 图像情况，$\boldsymbol{y}_2$ 为实际标签情况，$\boldsymbol{w}$ 泛指网络参数，λ 和 η 为常数，用于调节两个阶段损失函数以及正则化项对网络参数更新的作用程度。此外，$\parallel \cdot \parallel_1$、$\parallel \cdot \parallel_2$ 分别表示 1-范数和 2-范数。为了进行 SGD 的网络参数优化，需对上述损失函数求偏导，即

$$\frac{\partial L(\boldsymbol{w})}{\partial \boldsymbol{w}} = \{\boldsymbol{y}_2 - f[\varphi(\boldsymbol{X})]\} \cdot f[\varphi(\boldsymbol{X})] \cdot \{1 - f[\varphi(\boldsymbol{X})]\} +$$

$$\lambda \cdot [\boldsymbol{Y}_1 - \varphi(\boldsymbol{X})] \cdot \varphi(\boldsymbol{X}) \cdot [1 - \varphi(\boldsymbol{X})] + \eta \cdot \sum_i \Lambda_i \quad (6-7)$$

其中，

$$\Lambda_i = \begin{cases} 1, & w_i > 0 \\ -1, & w_i \leqslant 0 \end{cases} \quad (6-8)$$

基于 CNN 的 SAR 图像目标识别网络处理的伪代码如图 6-6 所示。网络

输入为带斑点噪声影响的 SAR 目标图像，经过该网络抑噪与识别两阶段的端到端处理后，得到最终输出识别结果。

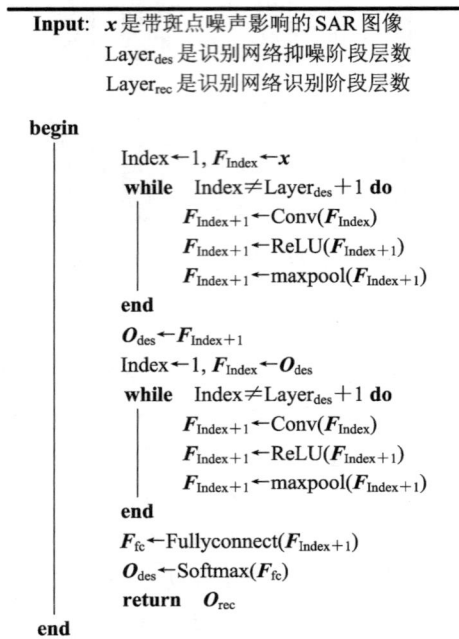

Input: x 是带斑点噪声影响的 SAR 图像
　　　　　$\text{Layer}_{\text{des}}$ 是识别网络抑噪阶段层数
　　　　　$\text{Layer}_{\text{rec}}$ 是识别网络识别阶段层数

begin

　　　$\text{Index} \leftarrow 1,\ F_{\text{Index}} \leftarrow x$

　　　while 　$\text{Index} \neq \text{Layer}_{\text{des}} + 1$ **do**

　　　　　$F_{\text{Index}+1} \leftarrow \text{Conv}(F_{\text{Index}})$

　　　　　$F_{\text{Index}+1} \leftarrow \text{ReLU}(F_{\text{Index}+1})$

　　　　　$F_{\text{Index}+1} \leftarrow \text{maxpool}(F_{\text{Index}+1})$

　　　end

　　　$O_{\text{des}} \leftarrow F_{\text{Index}+1}$

　　　$\text{Index} \leftarrow 1,\ F_{\text{Index}} \leftarrow O_{\text{des}}$

　　　while 　$\text{Index} \neq \text{Layer}_{\text{des}} + 1$ **do**

　　　　　$F_{\text{Index}+1} \leftarrow \text{Conv}(F_{\text{Index}})$

　　　　　$F_{\text{Index}+1} \leftarrow \text{ReLU}(F_{\text{Index}+1})$

　　　　　$F_{\text{Index}+1} \leftarrow \text{maxpool}(F_{\text{Index}+1})$

　　　end

　　　$F_{\text{fc}} \leftarrow \text{Fullyconnect}(F_{\text{Index}+1})$

　　　$O_{\text{des}} \leftarrow \text{Softmax}(F_{\text{fc}})$

　　　return　O_{rec}

end

图 6-6　SAR 图像目标识别处理流程

6.3.2　网络超参数设计

本章同样采用消融实验来确定该网络的超参数。具体地，分别基于 MSTAR 数据集和 OpenSARShip 数据集中的数据，生成受不同水平噪声影响的训练数据集和测试数据集。其中，训练数据集中的斑点噪声仿真数据对应 $L=0.2$、1、2。测试数据集中的斑点噪声分别包含 $L=0.2$、0.5、0.8、1、1.2、1.5、1.8、2、3、5、10、20、40、80 的情况。该网络待确定的超参数主要包括两阶段的卷积层层数、两阶段的每层卷积核个数、两阶段卷积核尺寸、Momentum、Dropout 系数。

1. MSTAR 数据集消融实验的网络超参数设计

1）卷积层层数

本部分讨论卷积层层数的最优设置。表 6-2 展示了五组网络的超参数设置情况。可以明显看出，在五组情况中，卷积层层数有差异，抑噪阶段卷积核个数固定在 4 和 16 两种情况，识别阶段固定在 6 和 36 两种情况，而其他超参数设计情况完全一致。为了保证网络不因复杂度过高而引起过拟合，其卷积层层数设计在 4～6 范围内，与经典 CNN 识别模型比较接近。识别网络卷积层层数消融实验结果对比如图 6－7 所示。

表 6－2　MSTAR 数据集识别网络卷积层层数消融实验的网络超参数设置

网络索引	层数	卷积核个数	卷积核尺寸	Momentum	Dropout 系数
Case-M-Layer1	2	4，4	3×3	0.95	0.5
	2	6，36	9×9		
Case-M-Layer2	3	4，16，4	3×3	0.95	0.5
	2	6，36	9×9		
Case-M-Layer3	4	4，16，16，4	3×3	0.95	0.5
	2	6，36	9×9		
Case-M-Layer4	3	4，16，4	3×3	0.95	0.5
	1	6	9×9		
Case-M-Layer5	3	4，16，4	3×3	0.95	0.5
	3	6，36，36	9×9		

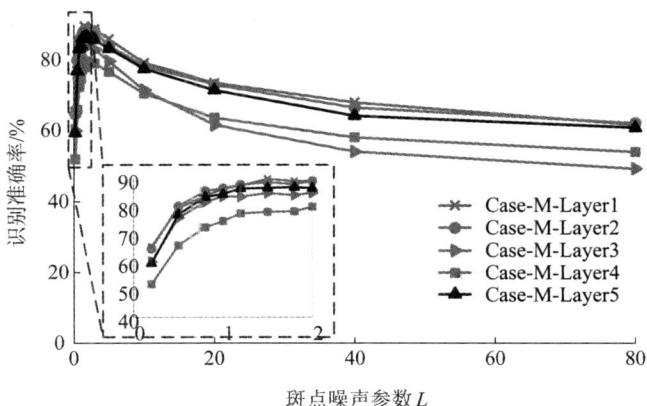

图 6－7　MSTAR 数据集识别网络卷积层层数消融实验结果对比

由图 6－7 所示结果可以看出，当两阶段卷积层层数分别对应为 3 层和 2 层时，即 Case-M-Layer2 情况，检测性能最优。例如，当 $L=0.2$ 时，Case-M-Layer2 的识别准确率比 Case-M-Layer4 高 13.56%；当 $L=80$ 时，Case-M-Layer2 比识准确率最低的 Case-M-Layer3 高 12.90%。因此，本章所设计的基于 MSTAR 数据训练的 SAR 图像目标识别网络的卷积层层数在两个阶段分别采用 3 层和 2 层。

2）抑噪阶段卷积核个数

本部分讨论抑噪阶段卷积核个数的最优设置。表 6-3 展示了四组网络的超参数设置情况。可以明显看出，在四组设置情况中，仅抑噪阶段卷积核个数有差异，其他超参数完全一致。并且，为了保证网络不会因复杂度过高而引起过拟合，设置的卷积核个数较少。最多单层卷积核个数达到 64，接近经典网络模型的设置。识别网络抑噪阶段卷积核个数消融实验结果对比如图 6-8 所示。

表 6-3　MSTAR 数据集识别网络抑噪阶段卷积核个数消融实验的网络超参数设置

网络索引	层数	卷积核个数	卷积核尺寸	Momentum	Dropout 系数
Case-M-D-KernelNum1	3	2，4，2	3×3	0.95	0.5
	2	6，36	9×9		
Case-M-D-KernelNum2	3	4，16，4	3×3	0.95	0.5
	2	6，36	9×9		
Case-M-D-KernelNum3	3	6，36，6	3×3	0.95	0.5
	2	6，36	9×9		
Case-M-D-KernelNum4	3	8，64，8	3×3	0.95	0.5
	2	6，36	9×9		

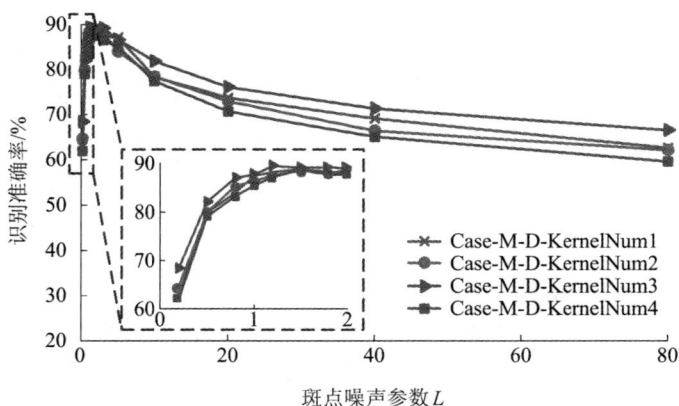

图 6-8　MSTAR 数据集识别网络抑噪阶段卷积核个数消融实验结果对比

由图 6-8 所示结果可以看出，当抑噪阶段卷积核个数设计为 Case-M-D-KernelNum3 情况下的"6，36，6"时，检测性能最优。例如，当 $L=0.2$ 时，Case-M-D-KernelNum3 的识别准确率至少比其他情况高 3.75%；当 $L=80$ 时，识别准确率至少比其他情况高 4.42%。因此，本章所设计的基于 MSTAR 数据集训练的 SAR 图像目标识别网络抑噪阶段卷积核个数采用"6，36，6"的结构。

3）识别阶段卷积核个数

本部分讨论识别阶段卷积核个数的最优设置。表 6-4 展示了四组网络的超参数设置情况。可以明显看出，在四组情况中，仅识别阶段卷积核个数有差异，其他超参数设计情况完全一致。并且，为了保证网络不会因复杂度过高而引起过拟合，设置的卷积核个数较小。最多单层卷积核个数达到 64，接近经典网络模型的设置。识别网络识别阶段卷积核个数消融实验结果对比如图 6-9 所示。

表 6-4　MSTAR 数据集识别网络识别阶段卷积核个数消融实验的网络超参数设置

网络索引	层数	卷积核个数	卷积核尺寸	Momentum	Dropout 系数
Case-M-R-KernelNum1	3	6，36，6	3×3	0.95	0.5
	2	2，4	9×9		
Case-M-R-KernelNum2	3	6，36，6	3×3	0.95	0.5
	2	4，16	9×9		
Case-M-R-KernelNum3	3	6，36，6	3×3	0.95	0.5
	2	6，36	9×9		
Case-M-R-KernelNum4	3	6，36，6	3×3	0.95	0.5
	2	8，64	9×9		

由图 6-9 所示结果可以看出，当识别阶段卷积核个数设计为 Case-M-R-KernelNum3 情况下的"6，36"时，检测性能最优。例如，当 $L=0.2$ 时，Case-M-R-KernelNum3 的识别准确率至少比其他情况高 8.82%；当 $L=30$ 时，识别准确率至少比其他情况高 2.13%。因此，本章所设计的基于 MSTAR 数据集训练的 SAR 图像目标识别网络识别阶段卷积核个数采用"6，36"的结构。

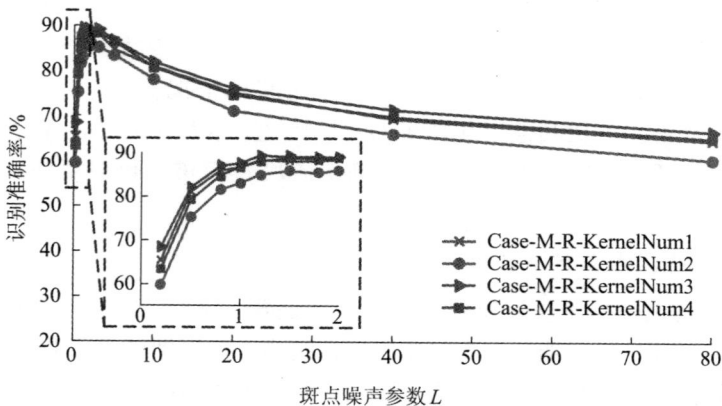

图 6‑9　MSTAR 数据集识别网络识别阶段卷积核个数消融实验结果对比

4）抑噪阶段卷积核尺寸

本部分讨论抑噪阶段卷积核尺寸的最优设置。表 6‑5 展示了四组网络的超参数设置情况。可以明显看出，在四组设置中，仅抑噪阶段卷积核尺寸有差异，其他超参数设计情况完全一致。本实验设计的不同抑噪阶段卷积核尺寸均与典型目标识别的 CNN 模型接近。识别网络抑噪阶段卷积核尺寸消融实验结果对比如图 6‑10 所示。

表 6‑5　MSTAR 数据集识别网络抑噪阶段卷积核尺寸消融实验的网络超参数设置

网络索引	层数	卷积核个数	卷积核尺寸	Momentum	Dropout 系数
Case-M-D-KernelSize1	3	6，36，6	2×2	0.95	0.5
	2	6，36	9×9		
Case-M-D-KernelSize2	3	6，36，6	3×3	0.95	0.5
	2	6，36	9×9		
Case-M-D-KernelSize3	3	6，36，6	5×5	0.95	0.5
	2	6，36	9×9		
Case-M-D-KernelSize4	3	6，36，6	7×7	0.95	0.5
	2	6，36	9×9		

由图 6‑10 所示结果可以看出，当识别阶段卷积核尺寸设计为 Case-M-D-KernelSize2 情况下的 3×3 时，识别性能最优。例如，当 $L=0.2$ 时，Case-M-R-KernelNum3 的识别准确率至少比其他情况高 6.84%；当 $L=80$ 时，Case-M-D-KernelSize1 与 Case-M-D-KernelSize2 情况比较接近且识别准确率最高。

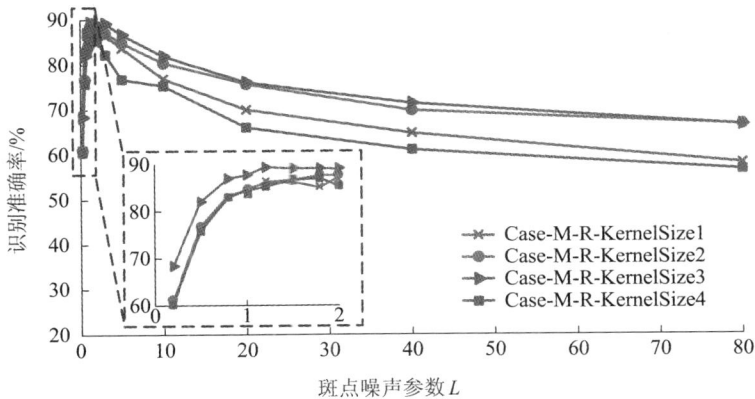

图 6-10　MSTAR 数据集识别网络抑噪阶段卷积核尺寸消融实验结果对比

因此，本章所设计的基于 MSTAR 数据集训练的 SAR 图像目标识别网络抑噪阶段卷积核尺寸采用 3×3 的结构。

5) 识别阶段卷积核尺寸

本部分讨论识别阶段卷积核尺寸的最优设置。表 6-6 展示了四组网络的超参数设置情况。可以明显看出，在四组情况中，仅识别阶段卷积核尺寸有差异，其他超参数设计情况完全一致。本实验设计的不同识别阶段卷积核尺寸均与典型目标识别的 CNN 模型接近。识别网络识别阶段卷积核尺寸消融实验结果对比如图 6-11 所示。

表 6-6　**MSTAR 数据集识别网络识别阶段卷积核尺寸消融实验的网络超参数设置**

网络索引	层数	卷积核个数	卷积核尺寸	Momentum	Dropout 系数
Case-M-R-KernelSize1	3	6，36，6	3×3	0.95	0.5
	2	6，36	5×5		
Case-M-R-KernelSize2	3	6，36，6	3×3	0.95	0.5
	2	6，36	7×7		
Case-M-R-KernelSize3	3	6，36，6	3×3	0.95	0.5
	2	6，36	9×9		
Case-M-R-KernelSize4	3	6，36，6	3×3	0.95	0.5
	2	6，36	11×11		

由图 6-11 所示结果可以看出，当识别阶段卷积核个数设计为 Case-M-R-

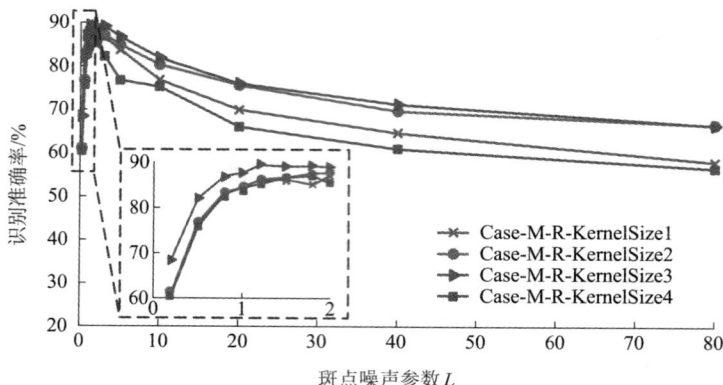

图 6 - 11　MSTAR 数据集识别网络识别阶段卷积核尺寸消融实验结果对比

KernelSize3 情况下的 9×9 时，识别性能最优。例如，当 $L = 0.2$ 时，Case-M-R-KernelSize3 的识别准确率至少比其他情况高 7.30%；当 $L = 80$ 时，Case-M-R-KernelSize3 与 Case-M-R-KernelSize2 情况比较接近且识别准确率至少比其他情况高 8.42%。因此，本章所设计的基于 MSTAR 数据集训练的 SAR 图像目标识别网络识别阶段卷积核尺寸采用 9×9 的结构。

6）Momentum

本部分讨论 Momentum 的最优设置。表 6 - 7 展示了四组网络的超参数设置情况。可以明显看出，在四组设置中，仅 Momentum 有差异，其他超参数设计情况完全一致。Momentum 需设置在 0～1 范围内。识别网络 Momentum 消融实验结果对比如图 6 - 12 所示。

表 6 - 7　MSTAR 数据集识别网络 Momentum 消融实验的网络超参数设置

网络索引	层数	卷积核个数	卷积核尺寸	Momentum	Dropout 系数
Case-M-Momentum1	3	6，36，6	3×3	1	0.5
	2	6，36	9×9		
Case-M-Momentum2	3	6，36，6	3×3	0.95	0.5
	2	6，36	9×9		
Case-M-Momentum3	3	6，36，6	3×3	0.8	0.5
	2	6，36	9×9		
Case-M-Momentum4	3	6，36，6	3×3	0.5	0.5
	2	6，36	9×9		

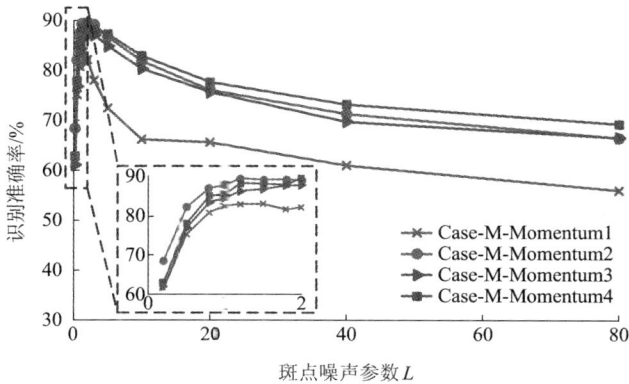

图 6 - 12　MSTAR 数据集识别网络 Momentum 消融实验结果对比

由图 6 - 12 所示结果可以看出，当 Momentum 设计为 Case-M-Momentum2 情况下的 0.95 时，识别性能最优。例如，当 $L=0.2$ 时，Case-M-Momentum2 至少比其他情况高 5.56%；当 $L>2$ 时，Case-M-Momentum2、Case-M-Momentum3、Case-M-Momentum4 比较接近，且明显优于 Case-M-Momentum1。因此，本章所设计的基于 MSTAR 数据训练的 SAR 图像目标识别网络的 Momentum 采用 0.95 的结构。

7）Dropout 系数

本部分讨论 Dropout 系数的最优设置。表 6 - 8 展示了四组网络的超参数设置情况。可以明显看出，在四组情况中，仅 Dropout 系数有差异，其他超参数设计情况完全一致。并且，Dropout 系数需设置在 0～1 范围内。识别网络 Dropout 系数消融实验结果对比如图 6 - 13 所示。

表 6 - 8　MSTAR 数据集识别网络 Dropout 系数消融实验的网络超参数设置

网络索引	层数	卷积核个数	卷积核尺寸	Momentum	Dropout 系数
Case-M-Dropout1	3	6，36，6	3×3	0.95	0.3
	2	6，36	9×9		
Case-M-Dropout2	3	6，36，6	3×3	0.95	0.5
	2	6，36	9×9		
Case-M-Dropout3	3	6，36，6	3×3	0.95	0.6
	2	6，36	9×9		
Case-M-Dropout4	3	6，36，6	3×3	0.95	0.8
	2	6，36	9×9		

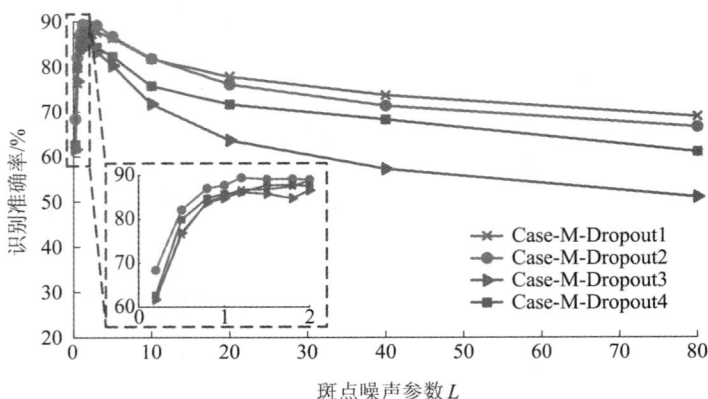

图 6-13　MSTAR 数据集识别网络 Dropout 系数消融实验结果对比

由图 6-13 所示结果可以看出，当 Dropout 系数设置为 Case-M-Dropout2情况下的 0.5 时，识别性能最优。例如，当 $L=0.2$ 时，Case-M-Dropout2 至少比其他情况高 6.55％；当 $L>2$ 时，Case-M-Dropout1、Case-M-Dropout2 比较接近，明显优于 Case-M-Dropout3、Case-M-Dropout4。因此，本章所设计的基于 MSTAR 数据集训练的 SAR 图像目标识别网络的 Dropout 系数采用 0.5 的结构。

2. OpenSARShip 数据集消融实验的网络超参数设计

1）卷积层层数

本部分讨论卷积层层数的最优设置。表 6-9 展示了五组网络的超参数设置情况。可以明显看出，在五组情况中，卷积层层数有差异，抑噪阶段卷积核个数设置为 4，16 两种情况，识别阶段设置为 6，36 两种情况，其他超参数设计情况完全一致。并且，为了保证网络不会因复杂度过高而引起过拟合，其卷积层层数设计在 4～6 范围内，与经典 CNN 识别模型的设计比较接近。识别网络卷积层层数消融实验结果对比如图 6-14 所示。

表 6-9　OpenSARShip 数据集识别网络卷积层层数消融实验的网络超参数设置

网络索引	层数	卷积核个数	卷积核尺寸	Momentum	Dropout 系数
Case-O-Layer1	1	4	3×3	0.95	0.5
	2	6，36	9×9		
Case-O-Layer2	2	4，16	3×3	0.95	0.5
	2	6，36	9×9		

网络索引	层数	卷积核个数	卷积核尺寸	Momentum	Dropout 系数
Case-O-Layer3	3	4, 16, 4	3×3	0.95	0.5
	2	6, 36	9×9		
Case-O-Layer4	2	4, 16	3×3	0.95	0.5
	1	6	9×9		
Case-O-Layer5	2	4, 16	3×3	0.95	0.5
	3	6, 36, 6	3×3		

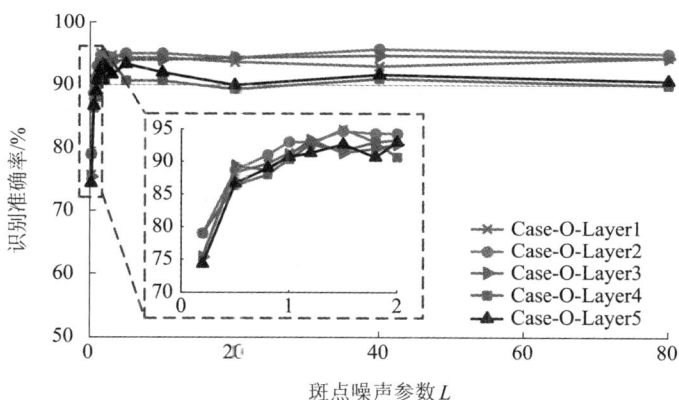

图 6 - 14　OpenSARShip 数据集识别网络卷积层层数消融实验结果对比

由图 6 - 14 所示结果可以看出，当两阶段卷积层层数分别对应为 2 层和 2 层时，即 Case-O-Layer2 情况下，识别性能最优。例如，当 $L=0.2$ 时，保证 Case-O-Layer2 的识别准确率比其他情况高 1.33%；当 $L=80$ 时，Case-O-Layer2、Case-O-Layer3 比较接近，明显优于其他情况。因此，本章所设计的基于 OpenSARShip 数据集训练的 SAR 图像目标识别网络两阶段卷积层层数分别采用 2 层和 2 层。

2）抑噪阶段卷积核个数

本部分讨论抑噪阶段卷积核个数的最优设置。表 6 - 10 展示了四组网络的超参数设置情况。可以明显看出，在四组情况中，仅抑噪阶段卷积核个数有差异，其他超参数设计情况完全一致。并且，为了保证网络不会因复杂度过高而引起过拟合，设置的卷积核个数较小。最多单层卷积核个数达到 64，接近经典网络模型的设置。识别网络抑噪阶段卷积核个数消融实验结果对比如图 6 - 15 所示。

表 6 - 10 OpenSARShip 数据集识别网络抑噪阶段卷积核
个数消融实验的网络超参数设置

网络索引	层数	卷积核个数	卷积核尺寸	Momentum	Dropout 系数
Case-O-D-KernelNum1	2	2，4	3×3	0.95	0.5
	2	6，36	9×9		
Case-O-D-KernelNum2	2	4，16	3×3	0.95	0.5
	2	6，36	9×9		
Case-O-D-KernelNum3	2	6，36	3×3	0.95	0.5
	2	6，36	9×9		
Case-O-D-KernelNum4	2	8，64	3×3	0.95	0.5
	2	6，36	9×9		

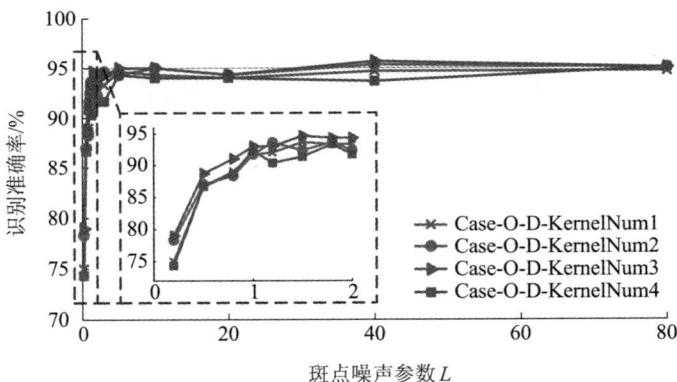

图 6 - 15 OpenSARShip 数据集识别网络抑噪阶段卷积核个数消融实验结果对比

由图 6 - 15 所示结果可以看出，当卷积层抑噪阶段卷积核个数设计为 Case-O-D-KernelNum3 情况下的"6，36"时，识别性能最优。例如，当 $L=0.2$ 时，保证 Case-O-D-KernelNum3 的识别准确率比其他情况高 4.67%；当 $L=80$ 时，四组结果比较接近。因此，本章所设计的基于 OpenSARShip 数据集训练的 SAR 图像目标识别网络抑噪阶段卷积核个数采用"6，36"的结构。

3) 识别阶段卷积核个数

本部分讨论识别阶段卷积核个数的最优设置。表 6 - 11 展示了四组网络的超参数设置情况。可以明显看出，在四组情况中，仅识别阶段卷积核个数有差异，其他超参数设计情况完全一致。并且，为了保证网络不会因复杂度过高而引起过拟合，设置的卷积核个数较小。最多单层卷积核个数达到 64，接近经典网络模型的设置。识别网络识别阶段卷积核个数消融实验结果对比如图 6 - 16 所示。

表 6 - 11　OpenSARShip 数据集识别网络识别阶段卷积核个数消融实验的网络超参数设置

网络索引	层数	卷积核个数	卷积核尺寸	Momentum	Dropout 系数
Case-O-R-KernelNum1	2	6, 6	3×3	0.95	0.5
	2	2, 4	9×9		
Case-O-R-KernelNum2	2	6, 6	3×3	0.95	0.5
	2	4, 16	9×9		
Case-O-R-KernelNum3	2	6, 6	3×3	0.95	0.5
	2	6, 36	9×9		
Case-O-R-KernelNum4	2	6, 36	3×3	0.95	0.5
	2	8, 64	9×9		

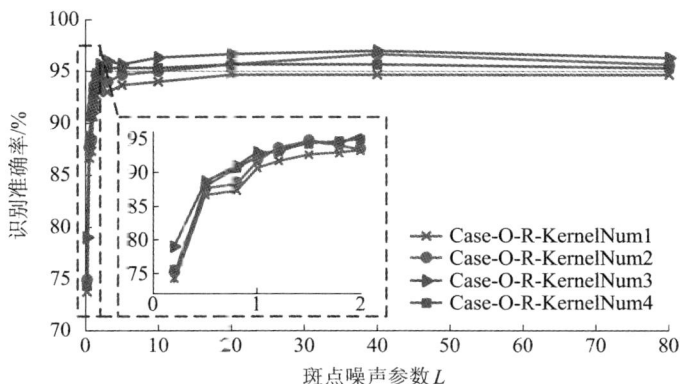

图 6 - 16　OpenSARShip 数据集识别网络识别阶段卷积核个数消融实验结果对比

由图 6 - 16 所示结果可以看出，当卷积层识别阶段卷积核个数设计为

Case-O-R-KernelNum3 情况下的"6，36"时，识别性能最优。例如，当 $L=0.2$ 时，保证 Case-O-R-KernelNum3 的识别准确率比其他情况高 4%；当 $L=80$ 时，Case-O-R-KernelNum3 和 Case-O-R-KernelNum2 结果比较接近，且明显高于另外两组情况。因此，本章所设计的基于 OpenSARShip 数据集训练的 SAR 图像目标识别网络识别阶段卷积核个数采用"6，36"的结构。

4）抑噪阶段卷积核尺寸

本部分讨论抑噪阶段卷积核个数的最优设置。表 6-12 展示了四组网络的超参数设置情况。可以明显看出，在四组情况中，仅抑噪阶段卷积核尺寸有差异，其他超参数设计情况完全一致。并且，设置的卷积核尺寸与经典目标识别 CNN 接近。识别网络抑噪阶段卷积核尺寸消融实验结果对比如图 6-17 所示。

表 6-12　OpenSARShip 数据集识别网络抑噪阶段卷积核尺寸消融实验的网络超参数设置

网络索引	层数	卷积核个数	卷积核尺寸	Momentum	Dropout 系数
Case-O-D-KernelSize1	2	6, 6	2×2	0.95	0.5
	2	6, 36	9×9		
Case-O-D-KernelSize2	2	6, 6	3×3	0.95	0.5
	2	6, 36	9×9		
Case-O-D-KernelSize3	2	6, 6	5×5	0.95	0.5
	2	6, 36	9×9		
Case-O-D-KernelSize4	2	6, 6	7×7	0.95	0.5
	2	6, 36	9×9		

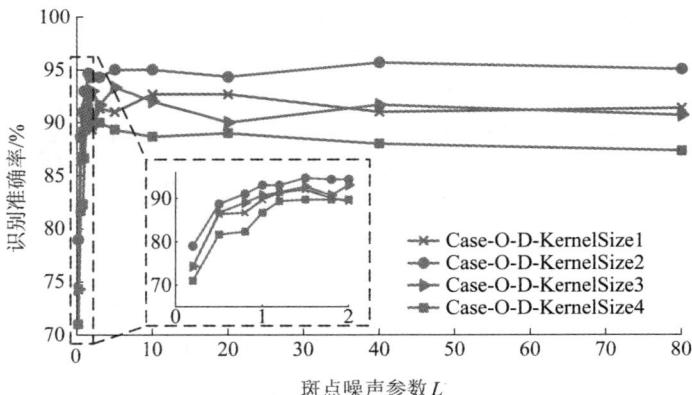

图 6-17　OpenSARShip 数据集识别网络抑噪阶段卷积核尺寸消融实验结果对比

由图 6 - 17 所示结果可以看出，当卷积层抑噪阶段卷积核尺寸设计为 Case-O-D-KernelSize3 情况下的 3×3 时，识别性能最优。例如，当 $L=0.2$ 时，Case-O-D-KernelSize3 的识别准确率比其他情况高 1.77%；当 $L=80$ 时，Case-O-D-KernelSize3 的识别准确率至少比其他情况高 7.67%。因此，本章所设计的基于 OpenSARShip 数据集训练的 SAR 图像目标识别网络抑噪阶段卷积核尺寸采用 3×3 的结构。

5）识别阶段卷积核尺寸

本部分讨论抑噪阶段卷积核个数的最优设置。表 6 - 13 展示了四组网络的超参数设置情况。可以明显看出，在四组情况中，仅识别段卷积核尺寸有差异，其他超参数设计情况完全一致。设置的卷积核尺寸与经典目标识别 CNN 接近。识别网络识别阶段卷积核尺寸消融实验结果对比如图 6 - 18 所示。

表 6 - 13　OpenSARShip 数据集识别网络识别阶段卷积核尺寸消融实验的网络超参数设置

网络索引	层数	卷积核个数	卷积核尺寸	Momentum	Dropout 系数
Case-O-R-KernelSize1	2	6，6	3×3	0.95	0.5
	2	6，36	5×5		
Case-O-R-KernelSize2	2	6，6	3×3	0.95	0.5
	2	6，36	7×7		
Case-O-R-KernelSize3	2	6，6	3×3	0.95	0.5
	2	6，36	9×9		
Case-O-R-KernelSize4	2	6，36	3×3	0.95	0.5
	2	6，36	11×11		

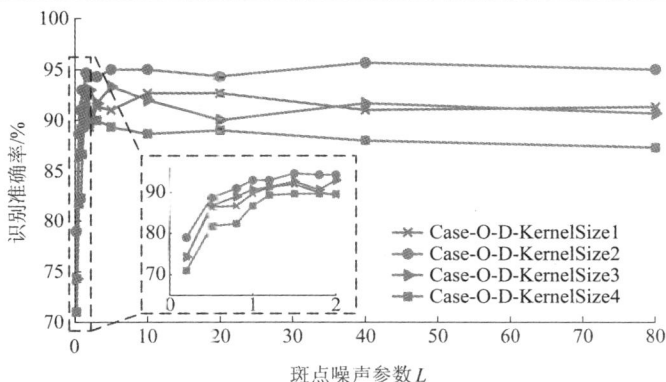

图 6 - 18　OpenSARShip 数据集识别网络识别阶段卷积核尺寸消融实验结果对比

由图 6 - 18 所示结果可以看出，Case-O-R-KernelSize2、Case-O-R-KernelSize3、Case-O-R-KernelSize4 对应的识别准确率比较接近，且明显优于 Case-O-R-KernelSize1。在重点关注的 $L<2$ 部分，发现 Case-O-R-KernelSize3 存在优于其他情况的现象。因此，本章所设计的基于 OpenSARShip 数据集训练的 SAR 图像目标识别网络识别阶段卷积核尺寸采用 9×9 的结构。

6）Momentum

本部分讨论 Momentum 的最优设置。表 6 - 14 展示了四组网络的超参数设置情况。可以明显看出，在四组情况中，仅 Momentum 有差异，其他超参数设计情况完全一致。Momentum 的选取范围为 0～1。识别网络 Momentum 系数消融实验结果对比如图 6 - 19 所示。

表 6 - 14　OpenSARShip 数据集识别网络 Momentum 消融实验的网络超参数设置

网络索引	层数	卷积核个数	卷积核尺寸	Momentum	Dropout 系数
Case-O-Momentum1	2	6, 6	3×3	0.5	0.5
	2	6, 36	9×9		
Case-O-Momentum2	2	6, 6	3×3	0.8	0.5
	2	6, 36	9×9		
Case-O-Momentum3	2	6, 6	3×3	0.95	0.5
	2	6, 36	9×9		
Case-O-Momentum4	2	6, 6	3×3	1	0.5
	2	6, 36	9×9		

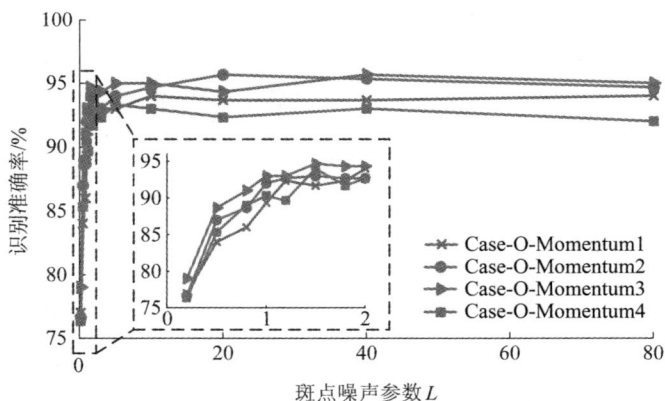

图 6 - 19　OpenSARShip 数据集识别网络 Momentum 系数消融实验结果对比

由图 6-19 所示结果可以看出，Case-O-Momentum3 能够获得最优的识别结果。特别地，当 $L=0.2$ 时，Case-O-Momentum3 的准确率至少比其他情况高 2%；当 $L>2$ 时，Case-O-Momentum2 与 Case-O-Momentum3 结果比较接近，且二者结果优于其他情况。因此，基于 OpenSARShip 数据集进行的 SAR 图像目标识别网络的 Momentum 采用 0.95 的结构。

7）Dropout 系数

本部分讨论 Dropout 系数的最优设置。表 6-15 展示了四组网络的超参数设置情况。可以明显看出，在四组情况中，仅 Dropout 系数有差异，其他超参数设计情况完全一致。Dropout 系数的选取范围为 0~1。识别网络 Dropout 系数消融实验结果对比如图 6-20 所示。

表 6-15　OpenSARShip 数据集识别网络 Dropout 系数消融实验的网络超参数设置

网络索引	层数	卷积核个数	卷积核尺寸	Momentum	Dropout 系数
Case-O-Dropout1	2	6，6	3×3	0.95	0.3
	2	6，36	9×9		
Case-O-Dropout2	2	6，6	3×3	0.95	0.5
	2	6，36	9×9		
Case-O-Dropout3	2	6，6	3×3	0.95	0.6
	2	6，36	9×9		
Case-O-Dropout4	2	6，6	3×3	0.95	0.8
	2	6，36	9×9		

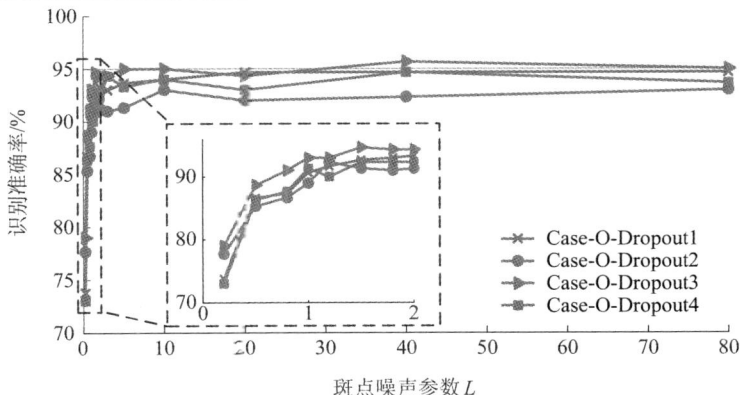

图 6-20　OpenSARShip 数据集识别网络 Dropout 系数消融实验结果对比

由图 6-20 所示结果可以看出，Case-O-Dropout2 能够获得最优的识别结果。特别地，当 $L=0.2$ 时，Case-O-Dropout2 的准确率至少比其他情况高 3.33%。因此，基于 OpenSARShip 数据集训练的 SAR 图像目标识别网络的 Dropout 系数采用 0.5 的结构。

综上所述，基于 CNN 的 SAR 图像目标识别方法的网络超参数设置情况如表 6-16 所示。

表 6-16　基于 CNN 的 SAR 图像目标识别方法的网络超参数设置

对应训练数据集	卷积层层数	卷积核个数	卷积核尺寸	Momentum	Dropout 系数
MSTAR	3	6，36，6	3×3	0.95	0.5
	2	6，36	9×9		
OpenSARShip	2	6，6	3×3	0.95	0.5
	2	6，36	9×9		

6.4　实验与分析

6.4.1　数据集构建

本章以 MSTAR 数据集和 OpenSARShip 数据集为基础展开 SAR 图像目标识别的方法研究。其中，MSTAR 数据集包含 10 类地面车辆目标的 SAR 图像切片，且每类目标切片的数量比较接近。此外，OpenSARShip 数据集包含 11 类海上舰船的 SAR 图像切片。但是，不同类型切片的数量差距较大，为了平衡不同类型舰船切片数量，在本部分研究过程中，将海上舰船目标分为货船（Cargo）、其他（Other）和油船（Tanker），共 3 类。其中，货船类包括集装箱船、杂货船、散货船等类型；其他类包括拖船、搜救船、客船、渔船等类型。上述不同类型目标的光学图像与 SAR 目标图像如图 6-21 所示。

类型	光学图像	SAR 图像	类型	光学图像	SAR 图像
BMP2			D7		
BTR70			ZIL131		
T72			BTR60		
2S1			T62		
BRDM2			ZSU234		

(a) 车辆目标数据

类型	光学图像	SAR 图像	类型	光学图像	SAR 图像
Cargo			Other		
Tanker					

(b) 舰船目标数据

图 6 - 21　不同类型目标的光学图像与 SAR 目标图像对比

　　本部分介绍基于两个数据集建立实验所用训练数据和测试数据集的情况。其中，第 4 章所建立的 DataM-Train、DataM-Test、DataM-Noise 以及 DataO-Train、DataO-Test、DataO-Noise 仍作为本部分数据集。在此基础上，本部分提取 MSTAR 和 OpenSARShip 两个数据集中各样本的类型标签，分别构成 DataM-Train-Label、DataO-Train-Label 以及 DataM-Test-Label、DataO-Test-Label。其中，DataM-Train-Label、DataO-Train-Label 为网络训练样本对应的真实标签；而 DataM-Test-Label、DataO-Test-Label 为测试样本对应的真实标签。这里，标签样本集分别用于网络训练以及识别准确率的测试评价。该数据集的具体建立过程如图 6 - 22 所示。

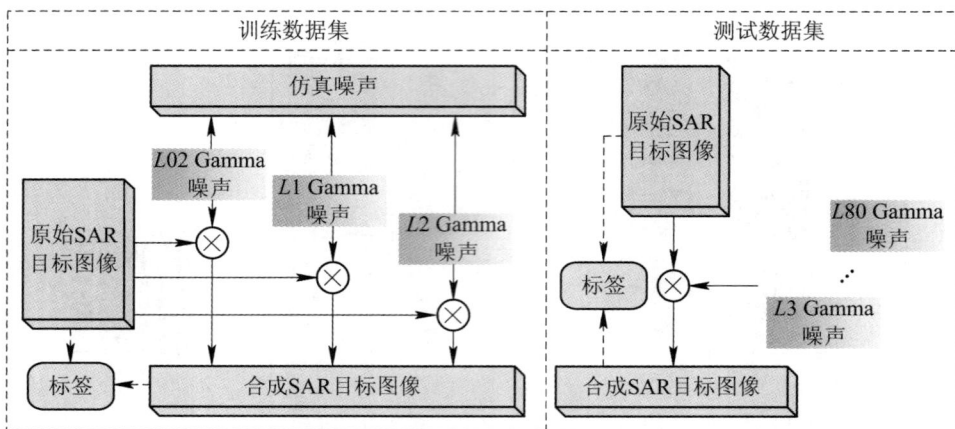

图 6 - 22　基于 CNN 的 SAR 图像目标识别方法的数据集构建示意图

DataM-Train、DataM-Test、DataM-Noise 以 及 DataO-Train、DataO-Test、DataO-Noise 中每幅切片的尺寸均为 88×88。在训练数据集生成过程中，本书分别对每幅原始 SAR 目标图像合成 $L = 0.2$、1、2 的 Gamma 分布的仿真斑点噪声。因此，由 2746 个原始 SAR 车辆目标切片构建的 DataM-Train 共包含 8238 个样本。此外，由 900 个原始 SAR 车辆目标图像构建的 DataO-Train 共包含 2700 个样本。两组训练数据对应的 DataM-Noise 和 DataO-Noise 具有与其一致的样本量。另外，测试数据集 DataM-Test 由 2425 个原始 SAR 车辆目标图像生成的 14 组不同成像效果的测试样本构成，共 33 950 个样本；DataO-Test 由 300 个原始 SAR 舰船目标图像生成的 14 组不同成像效果的测试样本构成，共 4200 个样本。此外，对于样本类型标签，由于地面车辆目标共包含 10 类目标，海上舰船目标共包含 3 类。因此，DataM-Train-Label、DataM-Test-Label 对应每个样本的标签由 10 维向量表示；DataO-Train-Label、DataO-Test-Label 对应每个样本的标签由 3 维向量表示。

此外，图 6 - 23 展示了 DataM-Train、DataO-Train、DataM-Test、DataO-Test 中部分样本情况以及对应原始 SAR 目标图像的实际情况。其中，DataM-Train、DataM-Test 分别包含 10 类地面车辆目标，DataO-Train、DataO-Test 分别包含 3 类海上舰船目标。可以看出，当加入斑点噪声水平越强时，对应图像的质量明显下降。

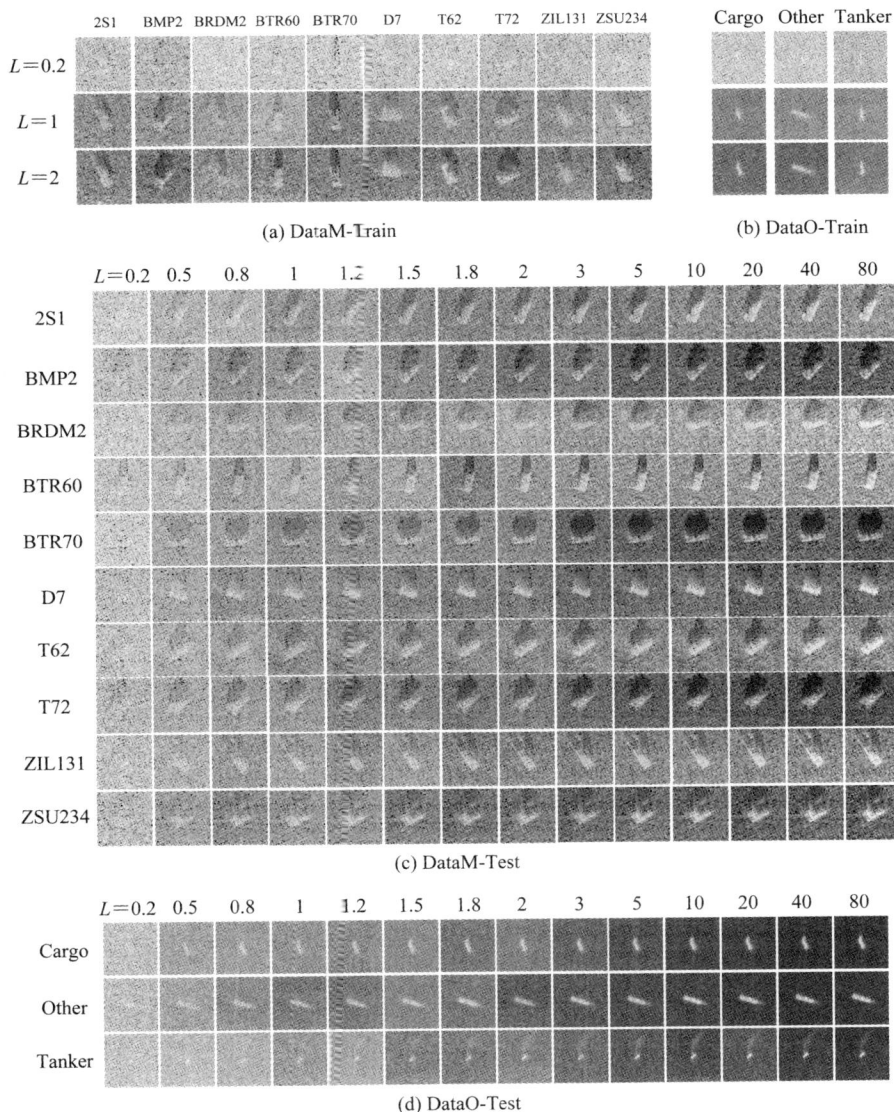

(a) DataM-Train

(b) DataO-Train

(c) DataM-Test

(d) DataO-Test

图 6 - 23　识别网络训练数据集和测试数据集中部分样本情况

6.4.2　识别性能分析

1. 耦合连接必要性分析

为了证明耦合连接的必要性，本部分将基于 CNN 的 SAR 图像目标识别方法与抑噪、识别两阶段分离的网络进行识别结果对比。在两阶段分离的网络中，抑噪网络对应第 4 章所述的基于 CNN 的 SAR 图像抑噪网络；识别网络为 6.2 节提到的基于 SAR 目标图像训练的 AlexNet。由第 4 章的研究可知，抑噪网络能够有效提升 SAR 图像质量。另外，在 6.2 节也验证了基于 AlexNet 进行 SAR 目标图像识别准确率较高。这些均可以确保分离网络中两个阶段处理性能较优。显然，该分离网络实现了抑噪处理与识别处理的简单结合。

分别针对 DataM-Test 和 DataO-Test 两数据集的数据进行基于 CNN 的 SAR 图像目标识别方法和分离网络的识别测试，且结果如图 6 - 24 所示。可以看出，在两组数据集测试情况下，基于 CNN 的 SAR 图像目标识别方法的识别

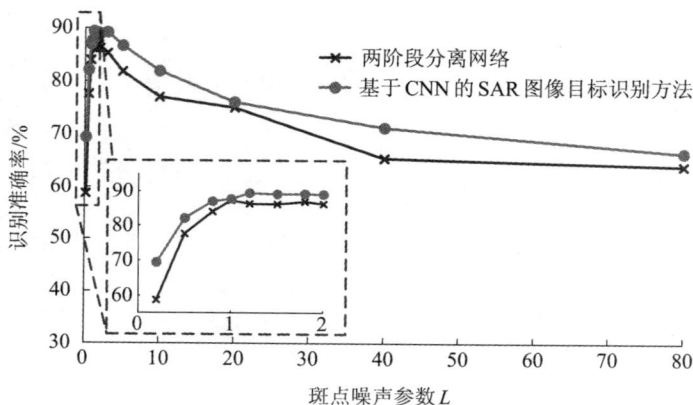

(a) DataM-Test 测试结果

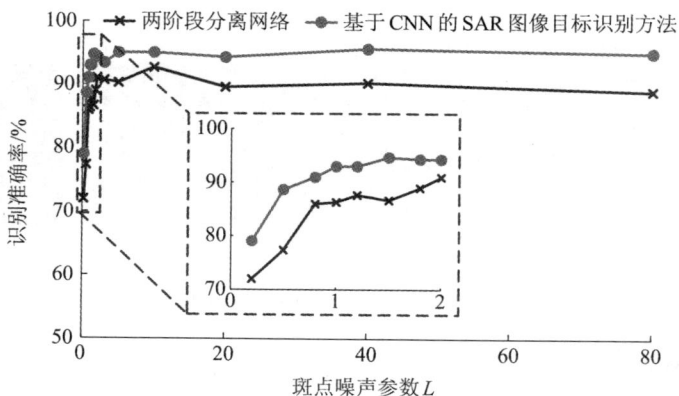

(b) DataO-Test 测试结果

图 6 - 24　两阶段分离网络与基于 CNN 的 SAR 图像目标识别方法的测试结果对比

准确率均明显优于两阶段分离网络。特别地，当 $L=0.2$ 时，即斑点噪声较强时，基于 CNN 的 SAR 图像目标识别方法的识别准确率比分离网络约高出 10% 和 7%；当 $L=80$ 时，即斑点噪声较弱时，基于 CNN 的 SAR 图像目标识别方法识别准确率比分离网络分别高出 2% 和 6%。可以看出，在进行受强斑点噪声影响的 SAR 图像目标识别时，耦合连接的作用更加显著。在两阶段分离网络中，两部分网络的参数训练分别由抑噪和识别任务所驱动。这两个阶段有针对性地完成了对应任务。其中，抑噪阶段处理所获得的图像并不一定适用于后续识别网络的工作，即不具备二者联合工作的能力。而耦合连接过程中的参数训练是由抑噪、识别、正则化三个部分共同作用的结果。尤其抑噪处理阶段不仅能够有效提升 SAR 图像质量，抑噪后结果的残留斑点噪声也成为图像的有用信息。在识别阶段，该方法可提取适应性更强的识别特征。据此，基于 CNN 的 SAR 图像目标识别方法中端到端的耦合连接的必要性得以证明。

2. 对比实验分析

为了验证基于 CNN 的 SAR 图像目标识别网络在强斑点噪声影响条件下确实具有较强的识别性能，本部分以多个经典 CNN 模型的识别性能作为参照，开展对比实验分析。

1）MSTAR 数据集实验

利用 MSTAR 数据集合成的数据，对比基于 CNN 的 SAR 图像目标识别方法与经典 CNN 识别模型在不同噪声强度条件下的识别效果。此处所使用的经典 CNN 识别模型包括 AlexNet、VGG16、ResNet。基于 CNN 的 SAR 图像目标识别方法相比上述经典 CNN 识别模型，引入了抑噪处理过程，并且将两阶段耦合连接。这些有助于增强网络对受强斑点噪声影响的 SAR 图像的适应性。其中，每组网络通过 DataM-Train 训练获得，并通过 DataM-Test 得到测试结果。对比结果如图 6-25 所示，可以得出以下结论。

（1）基于四组网络分别对不同质量 SAR 目标图像进行测试时，识别准确率均随着 L 值增加发生先增加后减小的变化。这是由于训练数据集中图像受到强斑点噪声的影响。当 L 值过大时，SAR 图像质量有所增强，但测试样本与训练样本差距较大，会导致识别率下降。

（2）在 $L<2$ 即对测试样本加入的斑点噪声水平较强情况下，基于 CNN 的 SAR 图像目标识别方法的识别准确率有一定优势。例如，当 $L=0.2$ 时，其他三个经典 CNN 模型相比基于 CNN 的 SAR 图像目标识别方法的识别准确率至少下降 6.06%。在 $L>2$ 情况下，随着 L 值的增加，四组结果识别准确率均有所下降。其中，ResNet 识别准确率的下降最为明显，而 AlexNet 与 VGG16 识别准确率与基于 CNN 的 SAR 图像目标识别方法比较接近，但二者的识别准确率始终未能超越基于 CNN 的 SAR 图像目标识别方法。例如，当 $L=80$ 时，基于 CNN 的 SAR 图像目标识别方法的识别准确率分别超出 AlexNet、VGG16、ResNet 的 2.65％、3.16％以及 1.38％。

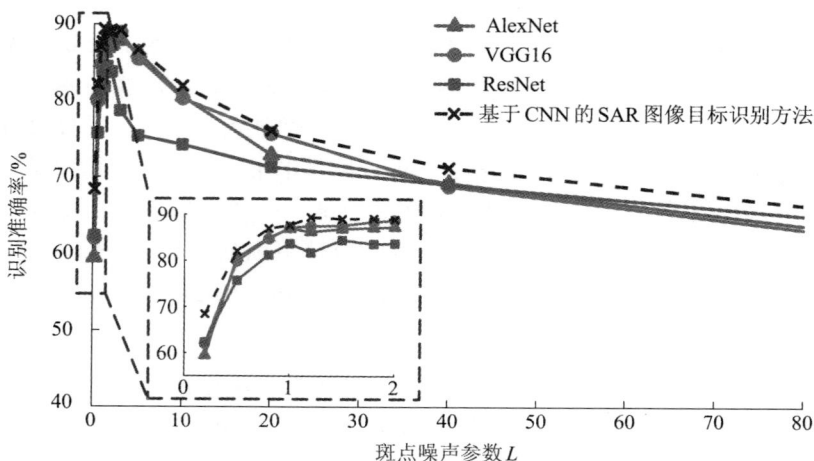

图 6 – 25　基于 DataM-Train 数据集训练的网络识别准确率对比

据此，上述实验结果验证了基于 CNN 的 SAR 图像目标识别方法比经典 CNN 模型更能适应受强斑点噪声影响的 SAR 目标图像，确保识别准确率保持在最优水平。

为了重点分析基于 CNN 的 SAR 图像目标识别方法对受强斑点噪声影响 SAR 图像具有更强的适应性，图 6 – 26 分别展示了上述经典 CNN 模型方法以及基于 CNN 的 SAR 图像目标识别方法在 $L=0.2$ 条件下的识别混淆矩阵。其中，为了简化描述，分别使用序号 1～10 表示数据的目标类型，可以得出以下结论。

（1）基于 CNN 的 SAR 图像目标识别方法对受到强斑点噪声影响的 SAR 目标图像具有较好的适应性，其整体识别准确率达到 69.38％，明显高于 AlexNet、VGG16、ResNet 的 59.45％、61.97％、62.35％。

（2）对每类样本的识别情况进行分析，基于 CNN 的 SAR 图像目标识别方法的识别错误主要发生在将第 2 类目标识别为第 8 类目标，对应概率为 17％。此外，该方法中将第 8 类目标误识别为第 2 类的概率也有 10％。从图 6 – 26(c) 可以看出，第 2 类、第 8 类目标的原始 SAR 图像中目标尺寸较小，并且目标区域与背景区域对比度明显。此外，根据 2.2 节分析可知，同样水平的斑点噪声对幅度值较大的像素影响明显大于幅度值较小的像素。因此，在 $L=0.2$ 的强斑点噪声影响下，两类图像中小尺寸目标区域恶化明显，阻碍了有效识别，使二者难以区分。此外，其他经典 CNN 模型同样存在较高的错误识别概率。例如，AlexNet 将第 2 类目标错误识别为第 5 类，所对应概率为 47%。VGG16 将第 10 类目标识别为第 9 类，所对应概率为 23%。ResNet 将第 2 类目标错误识别为第 8 类，所对应概率为 38%。

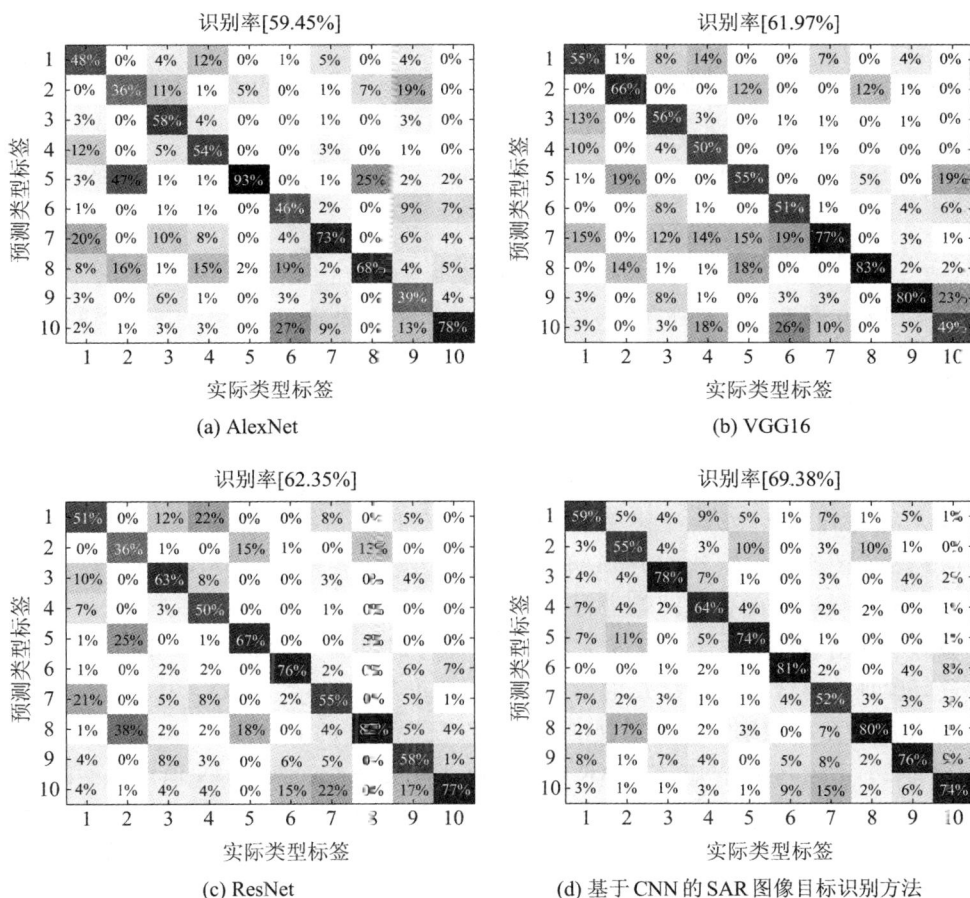

(a) AlexNet

(b) VGG16

(c) ResNet

(d) 基于 CNN 的 SAR 图像目标识别方法

图 6-26　基于 DataM-Train 数据集训练的网络在 $L=0.2$ 情况下识别混淆矩阵对比

2）OpenSARShip 数据集实验

以同样方式进行基于 OpenSARShip 数据集的对比实验分析。图 6-27 展示了四种方法的识别准确率整体对比情况，可以得出以下结论。

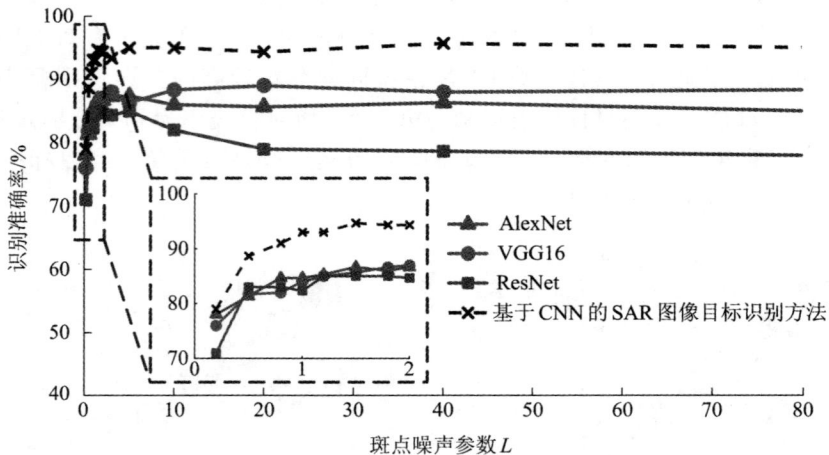

图 6 - 27　基于 DataO-Train 数据集训练的网络识别准确率对比

（1）与图 6 - 25 有所不同，在图 6 - 27 所示结果中，基于 CNN 的 SAR 图像目标识别方法在 L 值较大范围内未发生识别准确率随 L 值增加而下降的情况。这与两个数据集的原始 SAR 图像有关。首先，由于 MSTAR 数据集的方差超过 OpenSARShip 数据集方差的 10 倍，且成像分辨率以及实际观测目标大小的差异，MSTAR 数据集中目标尺寸明显大于 OpenSARShip。此外，强度越大的图像受到斑点噪声的影响越大。综上所述，斑点噪声对归一化后 MSTAR 图像的影响比 OpenSARShip 更为显著。在对 OpenSARShip 数据集合成斑点噪声后的合成图像进行识别测试时，较大 L 值的斑点噪声对 SAR 图像影响相对较小，图像质量变化不明显，其可通过图 6 - 28(b)、(d)所示结果进行验证。换言之，随着 L 的增加，识别难度趋于稳定，所以，基于 CNN 的 SAR 图像目标识别方法的识别准确率不会发生明显的变化。

（2）比较基于 CNN 的 SAR 图像目标识别方法与经典 CNN 识别模型的准确率，可以发现无论斑点噪声水平强弱，基于 CNN 的 SAR 图像目标识别方法均具有明显的优势。例如，在 $L=2$ 时，其识别准确率至少比经典方法高 7.33%；当 $L=80$ 时，其识别准确率至少比经典方法高 6.67%。

此外，图 6 - 28 展示了四组网络在 $L=0.2$ 时识别混淆矩阵情况。同样，为了简化描述，分别使用序号 1～3 表示数据的目标类型。其中，基于 CNN 的 SAR 图像目标识别方法在三个目标类型上的识别准确率大于等于 77%，优于其他经典方法。例如，ResNet 对第 3 类目标识别的准确率仅为 66%。此外，在错误识别方面，基于 CNN 的 SAR 图像目标识别方法识别出错最严重的情况是将第 1 类目标识别为第 2 类，识别错误率达到 14%。这是由于其他类舰船目标包含的舰船种类较多，包含与货船接近的测试样本。在其他三种方法中识别错误最严重的情况下，识别错误率分别达到 20%、18%、23%，均高于基于 CNN 的 SAR 图像目标识别方法。综上所述，基于 DataO-Train 数据集训练得到的基于 CNN 的 SAR 图像目标识别方法对强斑点噪声具有更好的适应性。

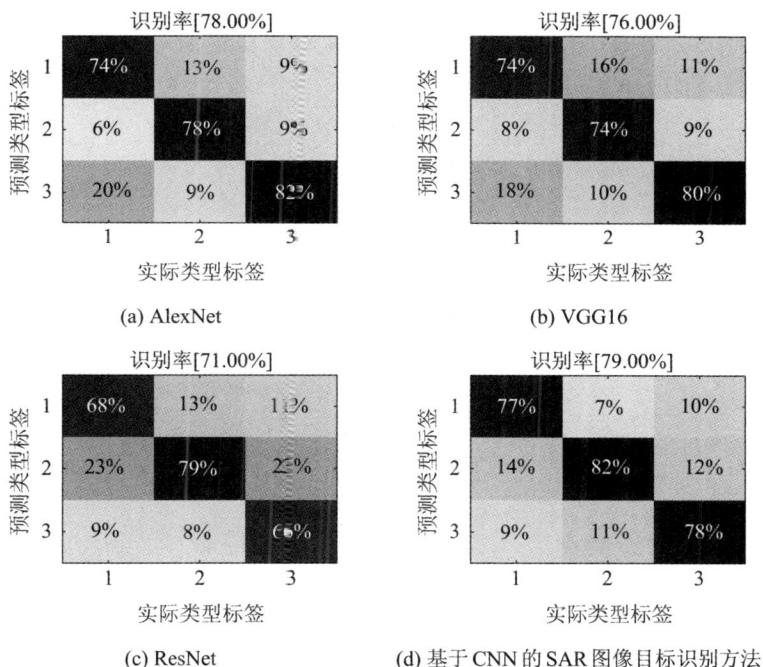

(a) AlexNet　(b) VGG16

(c) ResNet　(d) 基于 CNN 的 SAR 图像目标识别方法

图 6-28　基于 DataO-Train 数据集训练的网络在 $L=0.2$ 情况下混淆矩阵对比

6.5 本章小结

本章围绕强斑点噪声对 SAR 图像目标识别所带来影响的问题展开讨论，介绍了一种基于 CNN 的 SAR 图像目标识别方法。由于斑点噪声会影响 SAR 图像目标识别的准确率，因此，考虑在识别处理前加入第 4 章所研究的抑噪处理。此外，本章提出将抑噪和识别处理进行耦合连接，具体是将基于 CNN 的抑噪、识别约束融合至同一损失函数中，使两阶段相互协助，相互影响，共同实现受强斑点噪声影响的 SAR 图像目标的识别。

　　在实验过程中，为了验证该耦合连接的必要性，将所提方法与抑噪和识别两阶段分离处理进行对比。结果显示，即使在数据集不同、识别类型数量有差异的情况下，耦合连接的优势仍比较明显，验证了该耦合连接的必要性。此外，将基于 CNN 的 SAR 图像目标识别方法与 AlexNet、VGG16、ResNet 等经典 CNN 识别模型进行识别效果对比，发现基于 CNN 的 SAR 图像目标识别方法鲁棒性更强。尤其在 $L=0.2$ 的强斑点噪声情况下，基于 CNN 的 SAR 图像目标识别方法在 MSTAR、OpenSARship 两数据集的准确率分别较经典方法有 7.03% 和 1% 的提升。

第 7 章

面向 SAR 图像处理的 CNN 频谱特征分析

7.1　引　　言

前面的章节针对 SAR 图像目标检测与识别方法进行了介绍，并以 CNN 为基础进行了相关方法设计。但是，CNN 具有"黑盒"特点，即具体处理步骤的物理意义不明确，可靠性难以评价。这使该模型的可信度降低，限制了这类方法在实际高危场景中的应用。近年来，CNN 的可解释性研究逐渐引起人们的重视，但对用于 SAR 图像处理的 CNN 进行可解释性分析仍有待进一步发展。据此，本章介绍对用于 SAR 图像处理的 CNN 的特征提取情况分析的方法。

本章的具体内容安排如下：首先，介绍经典的可解释性分析方法；之后，介绍 SAR 图像频谱特征分析的理论基础，包括从幅度谱的角度展开卷积层处理分析，讨论卷积核幅度谱对应的滤波器类型以及多组滤波器技术指标对 SAR 图像幅度谱的影响，以及从相位谱的角度展开卷积层处理分析，讨论经过卷积处理前后 SAR 图像相位谱所携带信息的变化；最后，以前文介绍的基于 CNN 的 SAR 图像斑点噪声抑制、SAR 图像目标检测、SAR 图像目标识别模型为对象，通过实验分别分析其特征提取情况。

7.2　经典的可解释性方法

可解释性是指我们具有足够的、可以理解的信息，来解决某个问题。具体到人工智能领域，可解释的深度模型能够给出每一个预测结果的决策依据，比如银行的金融系统决定某人是否应该得到贷款，并给出相应的判决依据。决策树模型利用信息理论的筛选变量标准帮助理解不同变量对决策结果的影响程度，所以这是一个用户友好的可解释性模型。而用户最不友好的深度神经网络则属于黑盒模型，深度神经网络模型高度的非线性让人难以理解模型内部的决策过程，即其不能用人类可以理解的方式解释模型的具体含义和行为，所以深度学习模型不具有很好的解释性。

本部分立足于深度学习的可解释性，从内在可解释性模型、基于归因的可解释性方法和基于非归因的可解释性方法三个方面对涉及不同领域和决策任务的可解释性方法进行系统介绍。经典的可解释性方法的分类如图 7-1 所示。

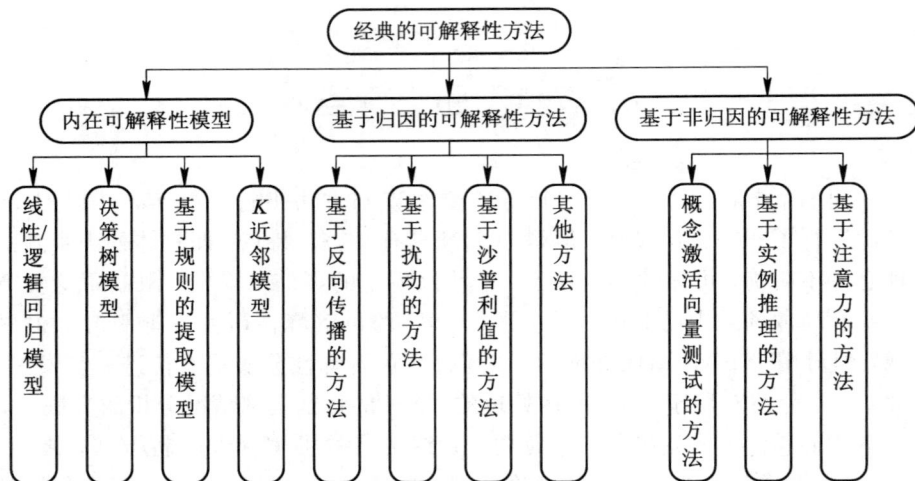

图 7-1　经典的可解释性方法的分类

7.2.1　内在可解释性模型

内在可解释性是指模型根据人类观察的决策边界或特征来解释决策的能力。有文章指出，内在可解释性表示该模型是可模拟的、可分解的和算法透明的。这三方面可分别表示为：① 模型被人类模拟的能力；② 解释模型输入、参数和模型输出的能力；③ 解释算法运行的能力。线性/逻辑回归模型、决策树模型和 K 近邻等简单模型往往符合内在可解释性的要求。然而，添加到每个深度学习模型隐藏层中的非线性函数使模型输出难以解释。

1. 线性/逻辑回归模型

线性回归模型是利用一组自变量预测连续的因变量，而逻辑回归是一种用于预测二分类任务的模型。尽管线性/逻辑回归具有内在可解释性，但由于其可解释性与特定受众有关，因此向非专家受众解释模型决策时，可能会需要事后解释技术（主要是可视化）。有文章提出了一种可视化分析工具（Regression Explorer），允许用户交互式地探索逻辑回归模型。该工具应用在临床生物统计学领域，有助于专家快速生成、评估和比较不同的模型，充分探索待选模型参数值的全局模式，以便协助专家提出新理论或开发新模型。

2. 决策树模型

决策树模型是一种基于分层结构的机器学习算法，它满足透明模型的所有约束，具有很好的可解释性，因此衍生出许多基于决策树的深度学习模型。有文章提出基于决策树的深度神经网络规则提取（Deep Neural Network Rule Extraction via Decision Tree Induction，DeepRED）算法，该算法通过分析权重值，在每个隐藏层神经元和输出神经元水平上提取规则。此外，有文章提出精确可转换决策树（Exact-Convertible Decision Tree，EC-DT）算法。该算法将具有校正线性单元激活函数的神经网络转换为提取多元规则的代理树，因此可以有效地从神经网络中提取重要规则。

3. 基于规则的提取模型

基于规则的提取模型是解释决策的另一种方法，通过生成基本的、直接的规则来表示所学习的数据，如 if-then 规则或者表示知识的几个规则的组合。基于规则的算法旨在设计可解释和直观的模型，但是这类模型的可解释性受到生成规则的长度和数量的影响，大量的规则可能不利于模型的解释。一种解决方法是将基本规则转化为模糊规则，使用模糊逻辑和模糊集表示各种形式的知识，并对变量之间的交互关系进行建模。基于模糊的规则是透明模型，因为它将深度学习模型和模糊逻辑相结合，来创建更易于理解的深层网络。因此，基于规则的提取模型已被广泛应用于深度学习模型中。例如，有学者通过基于规则的 Sugeno 模糊推理，为无人机设计了一个可解释的转向控制框架。该框架的设计分为两个阶段：① 指导无人机按照指定任务飞行，并记录其在不同天气状况下和不同飞行模式时采取的一系列动作，完成数据收集；② 在数据上使用减法聚类算法训练 Sugeno 模糊推理模型，通过访问模型的性能和规则数量优化减法聚类算法中的参数，并使用自适应网络模糊推理系统（Adaptive-

Network-based Fuzzy Inference System，ANFIS）对模型进行微调，以提供无人机决策的可解释特征。

4. K 近邻模型

K 近邻（KNN）算法是通过样本之间的距离，度量其邻域关系，从而选出某一样本附近的 K 个邻居样本，达到分类的效果。在可解释性方面，KNN 模型的输出取决于测量样本之间相似性的距离函数，因此可以清晰地知道当 K 改变时，输出是如何更新的。因此，KNN 被广泛应用在深度学习可解释中。有学者提出了一种基于原始 K 近邻算法的稀疏 KNN 分类器（Group Lasso Sparse KNN Classifier，GLSKNN），该分类器利用稀疏组套索选择最相关的类，并提取最大信噪比的稀疏特征，最后将回归权重总和作为预测类指标，以此提高分类精度并使模型具有可解释性。但是，KNN 的可解释性严重依赖特征数量、K 邻居数量和反映样本之间相关性的距离函数，较高的 K 值阻碍了模型的可模拟性，而大量特征或复杂的距离函数又阻碍了模型的可分解性。所以，K 近邻模型不能完全确保实现内在的可解释性。

7.2.2　基于归因的可解释性方法

基于归因的可解释性方法旨在为网络的每个输入特征分配归因值，得到输入特征对模型决策结果的重要程度。例如，深度神经网络接受一个输入样本 $\boldsymbol{x}=[x_1, x_2, \cdots, x_N]$，产生输出 $S(\boldsymbol{x})=[S(x_1), S(x_2), \cdots, S(x_C)]$，其中 N 是特征总数，C 是输出神经元总数。给定一个目标神经元，基于归因的解释性方法的目标是确定每个输入特征 $\boldsymbol{x}_i$ 对输出 $S(\boldsymbol{x}_i)$ 的相关性或贡献。这类方法包括基于反向传播的方法、基于扰动的方法、基于沙普利值的方法和其他方法。

1. 基于反向传播的方法

基于反向传播的方法并非无视要解释的模型，而是将模型的内部结构整合到解释过程中。基于反向传播的方法是利用反向传播识别输入图像中用于决策的特征，生成事后归因映射的。

1）显著性映射方法

显著性映射方法使用反向传播计算网络输出分类得分函数相对输入的梯度。这类方法是一种局部解释方法，其反映了深度神经网络某一部分的输入图像区域对预测结果的重要性。显著性映射方法中，输入 X 梯度方法计算每个特征对近似线性化模型输出的总贡献，它的优势在于允许利用输入信息进行更好的可视化。

2) 反卷积方法

反卷积（Deconvolution）主要用在 CNN 的解释中。ZF-Net 在反向传播过程中将负梯度设置为零生成特征图，然后在 AlexNet 的 5 个卷积层上进行反卷积和特征可视化，从而实现解释的目的。从而，有学者提出引导反向传播（Guided Backpropagation）方法，这种方法是对反卷积方法的改进。它的工作原理是计算输出对输入的梯度，为了找出图像中的最大激活特征，其在方向传播过程中将负梯度设置为零。另外，有学者提出积分梯度（Integrated Gradients，IG）方法，其定义为：从基线 $x' = (x'_1, x'_2, \cdots, x'_D)$ 到输入 $x = (x_1, x_2, \cdots, x_D)$ 的路径上每个点的梯度积分值：

$$\Phi^d_{\mathrm{ID}}(f_C, x) = (x_d - x'_d)$$
$$\times \int_{\alpha=0}^1 \frac{\partial F(x' + \alpha \times (x - x'))}{\partial x_d} \mathrm{d}\alpha, \ \forall d \in \{1, 2, \cdots, D\}$$

$$(7-1)$$

其中，基线 x' 是原始图像 x 中某个特征不出现时的输入图像，x' 可以是黑色或者取值为全零图像，甚至可以是随机噪声。IG 满足完整性公理，也就是归因必须考虑基线 x' 和输入 x 的输出差异。这种方法需要一个参考基线，这个额外的输入使解释方法变得更加复杂。此外，基于 IG 方法需要的样本数较多，可能会非常耗时。平滑梯度（Smooth Grad，SG）是一种向图像中添加噪声以生成新图像的技术，每次将随机高斯噪声 $N(0, \sigma^2)$ 添加到给定的输入图像 x 中，并计算相应的梯度，该过程为

$$\Phi_{\mathrm{SG}}(x) = E[\Phi(x + N(0, \sigma^2))]$$

$$(7-2)$$

其中，$E(\cdot)$ 为求均值，σ^2 为高斯噪声的方差，$\Phi(\cdot)$ 为求梯度。这种方法可以理解为一种平均化的过程，可以使初始解释 Φ_{SG} 更平滑。但是，由于样本数量增多，这种方法也会增加计算时间。

3) 类激活映射方法

另外，有学者提出的类激活映射（Class Activation Map，CAM）是一种可视化方法，其以热力图的形式表示对分类结果影响较大、特定于某一输出类别的图像区域。为了生成 CAM 图，在最后一个卷积层之后添加一个全局平均池化层（Global Average Pooling，GAP），将 GAP 的输出进行线性组合生成类预

测。然后，通过激活最后的卷积层并计算加权和，得到每个类的 CAM，记为 Φ_{CAM}^{c}。

$$\Phi_{\text{CAM}}^{c}(f_C, \boldsymbol{x}) = \sum_{k=1}^{n} \omega_k^c A^k \qquad (7-3)$$

其中，ω_k 表示第 k 个神经元的权重，A^1，A^2，$\cdots$，A^n 表示 CNN 最后一层的 n 幅特征图。但是，将 CNN 中的分类器替换之后需要重新训练模型才能得到 GAP 的权重。还有学者在 CAM 的基础上提出梯度类激活映射（Gradient-Class Activation Maps，Grad-CAM）方法，该方法克服了上述缺点，根据特定层的特征图 A^k 计算输出 $f_C(\boldsymbol{x})$ 的梯度，此时，对每个通道 k 的梯度进行平均，可获得特定层的特征图对目标分类 c 的重要性权重。事实上，Grad-CAM 方法突出显示图像中对 $f_C(\boldsymbol{x})$ 有正贡献的区域，但是没有突出细节上的表示。此外，有学者结合 Guided Backpropagation 的细粒度优势和 Grad-CAM 的定位优势，提出了引导梯度类激活映射（Guided Grad-CAM）。此外，Grad-CAM＋＋方法是对 Grad-CAM 的扩展，该方法提供了更好的视觉可解释性，并且能够检测多个目标对象，弥补了 Grad-CAM 方法的缺陷，即 Grad-CAM 在处理出现多个相同类别的图像时，可能会导致目标对象定位不准确的问题。

2. 基于扰动的方法

近年来，基于扰动的方法被广泛应用于解释深层图像模型。该方法的基本思想是通过修改模型的输入来监测模型输出结果的变化。对模型输出的变化表明输入的哪些部分对模型的决策结果是重要的。

有学者提出利用遮挡方法系统性地用给定基线替换不同的连续矩形补丁，并计算相应输出的变化。这些得分可以生成一个特征归因图，突出显示遮挡对预测结果产生的影响。这种方法不需要访问模型的内部，因此可用于解释任何模型。但是，遮挡分析方法需要额外的基线输入。局部可解释模型（Local Interpretable Model Explanations，LIME）是一种与模型内部结构无关的、基于扰动的方法，可以使用简单的、更易解释的模型局部逼近复杂模型。从数据角度看，LIME 的目的是观察输入数据变化时对模型输出结果的影响。分类加权类激活（Score-Weighted Class Activation，Score-CAM）方法是另一种典型的基于扰动的方法，它是基于 CAM 的，但与梯度无关的方法。该方法先提取特征图，然后将每个激活作为原始图像上的遮掩，并获得其在目标类上的前向传递分数。最后，可以通过重要性得分与特征图的线性组合生成视觉解释结果。

3. 基于沙普利值的方法

沙普利值最初是在博弈论背景下提出的一个框架，用于确定一组合作参与者中 P 的个人贡献。该方法针对每个合作参与者的子集 $S(S \subseteq P)$，将参与者 i 在 S 中增加或删除，监测对获得的总回报 $v(S)$ 的影响。具体来说，沙普利值将参与者 i 对整个联盟 P 的贡献定义为

$$\Phi_i = \sum_{S \subseteq P \setminus \{i\}} \alpha_S \cdot (v(S \cup \{i\}) - v(S)) \tag{7-4}$$

其中，每个子集 S 由 $\alpha_S = |S| \cdot (|P| - 1 - |S|)! / |P|!$ 加权。将该方法应用到解释深度学习模型任务时，合作博弈的参与者成为输入特征，回报函数与深度神经网络模型的输出相关。所以，每个子集 S 中，$|P|$ 是特征数量，$|S|$ 是集合中特征的个数，$v(S \cup \{i\})$ 是特征组合 S 的模型输出值，$v(S)$ 是在子集 S 删除特征 i 的情况下模型的输出值。有学者将 LIME 方法和 DeepLift 方法进行改进，提出了基于计算沙普利值的 LIMEShap 和 DeepLiftShap 方法。该方法的前提是假设输入特征相互独立，根据线性模型，近似计算梯度的沙普利值，将高斯噪声加入到随机选择的样本点中，并计算对应的输出梯度。

4. 其他方法

基于梯度的方法无法解决由激活函数引起的梯度饱和或梯度为零的问题。为此，有学者提出了计算特征贡献的解释方法 DeepLift，其主要原理是设置一个"参考"激活值，将每个神经元的激活值和"参考"激活值进行比较，并根据差异为每个输入分配特征贡献得分。"参考"激活值是通过一些用户定义的参考输入获得的。DeepLift 方法解决了基于梯度方法的局限性，即使梯度为零，它们之间的参考差异也不会为零。

7.2.3　基于非归因的可解释性方法

基于归因的可解释性方法虽然较为流行，但其仍存在一些问题。例如，在基于相关分数的反向传播过程中，如果一些神经元接收到错误的相关信息，则下层的其他神经元将累积错误，最终导致解释结果不精确；其次，在基于扰动的方法中，不可能对输入的所有扰动样本进行采样。因此许多研究试图通过不同的方法来解决可解释性问题。表 7-1 从方法描述、待解释模型和应用三个方面汇总了非归因的可解释性方法。

表 7-1 基于非归因的可解释性方法汇总

可解释性方法	方法描述	待解释模型	应用
概念激活向量测试的方法	基于人类专家定义的概念，通过计算模型对不同概念的激活程度解释模型的分类决策	Inception ResNet	DR 检测 图像分类 口语评估
基于实例推理的方法	使用特定的输入实例解释复杂的深度学习模型，通常提供局部解释	CNN	图像分类 胸部 X 射线诊断 智能农业决策
基于注意力推理的方法	利用注意力图解释模型的深层特征，反映图像引起神经网络注意的区域	CNN RNN LSTM	神经机器翻译 医疗诊断 自动驾驶
基于专家知识推理的方法	利用规则或符号的人工智能系统，将深度学习模型和专家知识融合	U-Net VGG16 CNN	图像分类 脑部 MLS 评估 肺部 CT
基于文本解释推理的方法	一种使用神经网络生成图像的自然语言描述，实现由文本到图像的转换	CNN&LSTM CNN&BRNN	乳腺肿块分类 多模态情感分类

1. 概念激活向量测试的方法

有学者提出使用概念激活向量测试（Testing with Concept Activation Vector，TCAV）的方法，该方法用于为领域专家解释模型在不同网络层学习到的特征。TCAV 方法在概念空间中采用方向导数，根据 TCAV 分数确定特定概念在分类中的重要性。具体而言，TCAV 为深度神经网络模型定义了一些人类易于理解的高级概念，将概念激活向量定义为超平面的法线，把模型激活中没有概念的示例和有概念的示例分隔开。设 k 为监督学习任务的类标签，则 k 对概念 C 的"概念敏感性"被定义为方向导数。

2. 基于实例推理的方法

基于实例推理的方法（Case-Based Reasoning，CBR）是一种类比推理形式，它使用已知案例及其解决方案的案例库来确定新的查询案例的解决方案（即进行原型选择），从而提供一个与待解释的查询案例最相似的案例。基于实例推理方法的目的是找到能够代表整个数据集实例的最小子集。CBR 从输入和原型中提取特征之间的相似性度量的分支，以揭示神经网络的隐藏信息。

3. 基于注意力的方法

在深度学习中，注意力的基本概念来源于人们关注、分析图像或其他数据的不同部分。在深度学习模型中嵌入注意力机制，构建并重新训练网络生成注意力图，可以提高模型的可解释性。在自然语言处理领域，以神经机器翻译为例，假设输入文件的隐藏层表示为 $s=[s_1,s_2,\cdots,s_n]$，每一个 s_i 是一个 d 维向量，n 为输入长度，解码器在每个时间步长生成预测词语得分 p 为

$$p(y_j|y_{<j},s)=\mathrm{softmax}(\boldsymbol{W}\tilde{\boldsymbol{h}}_j)$$

$$\tilde{\boldsymbol{h}}_j=\mathrm{Attention}(\boldsymbol{h}_j,s),\quad \boldsymbol{h}_j=f(\boldsymbol{h}_{j-1}) \tag{7-5}$$

其中，$\boldsymbol{W}$ 是输出词汇量大小的变换矩阵；f 是任何循环结构，可以利用上一时间步的状态计算当前隐藏层状态；$\boldsymbol{h}_j$ 是循环结构的隐藏层单元；Attention 为注意力组件，将当前隐藏层状态和源隐藏层状态作为输入，并输出一个基于注意力的隐藏层状态，最后将其输入到 softmax 层进行模型预测。基于注意力的方法的核心思想是导出一个获取加权源隐藏状态的上下文向量 $\boldsymbol{c}_j$（$\boldsymbol{c}_j$ 为注意力权重的加权和：$\boldsymbol{c}_j=\sum\limits_{i=1}^{n}a_{ji}s_i$），并且注意力权重 a_{ij} 决定当前时间步应关注多少源输入词汇。注意力权重向量 a_{ij} 的计算公式为

$$a_{ji}=\mathrm{align}(\tilde{\boldsymbol{n}}_j,s_i)=\frac{\exp(\mathrm{score}(\boldsymbol{h}_j,s_i))}{\sum\limits_{i}\exp(\mathrm{score}(\boldsymbol{h}_j,s_i))} \tag{7-6}$$

其中，score(·)为基于内容的函数，对位置 j 周围的输入和位置 i 周围的输出计算匹配分数，该分数计算基于输入文件的隐藏层状态 s_i 和循环结构的隐藏层状态 $\boldsymbol{h}_j$。

7.3　SAR 图像频谱特征分析的理论基础

在 CNN 中，卷积处理为核心，用于提取适当的特征，为实现 SAR 图像目标准确检测与识别提供基础。因此，本部分重点关注 CNN 中的卷积处理。但是，卷积处理计算复杂，其物理意义并不明确。因此，可将空间域图像卷积计算转换为频域的频谱相乘处理。其中，图像的频率是表示图像中灰度变化剧烈程度的指标，是灰度在平面空间上的梯度。频域滤波也是提取图像特征的一种典型方式。据此，本部分介绍从频域分析的角度对 CNN 中的卷积处理进行频谱特征分析的方法。具体地，以卷积定理为基础，本书从幅度谱和相位谱两个方面分别分析影响 SAR 目标图像特征提取结果的因素；进而，对前述方法进

行卷积处理的频谱特征分析，解释其中具体的特征提取行为。

SAR 图像表现为离散图像形式，并且通过二维离散傅里叶变换（Two Dimensional Discrete Fourier Transform，2D-DFT）获取 SAR 图像的频谱。具体地，假设空间域 SAR 图像 $f(x, y)$ 大小为 $A \times B$，则 $f(x, y)$ 的 2D-DFT 的处理结果表示为

$$
\begin{aligned}
F(u, v) &= \mathscr{F}\left[f(x, y)\right] \\
&= \frac{1}{N^2} \sum_{x=0}^{A-1} \sum_{y=0}^{B-1} f(x, y) \cdot \mathrm{e}^{-\mathrm{j}2\pi\left(\frac{ux}{N}+\frac{vy}{N}\right)} \\
&= \left|F(u, v)\right| \cdot \mathrm{e}^{\mathrm{j}\varphi(u, v)}
\end{aligned} \tag{7-7}
$$

其中，$\mathscr{F}[\cdot]$ 为 2D-DFT 处理的符号表示。$\left|F(u, v)\right|$、$\varphi(u, v)$ 分别为幅度谱、相位谱，二者可分别表示为

$$
\left|F(u, v)\right| = \sqrt{R^2(u, v) + I^2(u, v)} \tag{7-8}
$$

$$
\varphi(u, v) = \arctan\left[\frac{I(u, v)}{R(u, v)}\right] \tag{7-9}
$$

其中，$R(u, v)$ 为 $F(u, v)$ 的实部，$I(u, v)$ 为 $F(u, v)$ 的虚部。根据 2D-DFT 的性质可知，实数 SAR 图像 $f(x, y)$ 的频谱 $F(u, v)$ 是共轭对称的。其中，幅度谱 $\left|F(u, v)\right|$ 关于零频点偶对称，相位谱 $\varphi(u, v)$ 关于零频点奇对称，即

$$
\begin{cases}
\left|F(u, v)\right| = \left|F(-u, -v)\right| \\
\varphi(u, v) = -\varphi(-u, -v)
\end{cases} \tag{7-10}
$$

一般情况下，需对所求得的频谱进行中心化处理，因此，频谱的中心点对应为零频点，随着与零频点距离的增加，对应频率也逐渐增加。实数 SAR 图像的 $\left|F(u, v)\right|$、$\varphi(u, v)$ 分别关于中心点偶对称、奇对称。在进行频谱分析时，可仅分析其上半部分情况，下半部分可通过式（7-10）所示的对称关系进行推演。

本章重点介绍 CNN 中的卷积处理。对原始 SAR 图像 $f(x, y)$ 和 CNN 中的卷积核 $k(x, y)$ 进行离散卷积计算，定义式为

$$
f(x, y) \otimes k(x, y) = \sum_{m=0}^{M-1} \sum_{n=0}^{N-1} f(m, n) k(x-m, y-n) \tag{7-11}
$$

其中，假设 $f(x, y)$ 和 $k(x, y)$ 的大小分别为 $A \times B$ 和 $C \times D$，且 $x = 0, 1, \cdots, M-1$；$y = 0, 1, \cdots, N-1$；$M = A + C - 1$；$N = B + D - 1$。对式（7-11）两侧分别进行 2D-DFT 处理，结果为

$$
\begin{aligned}
\mathscr{F}\left[f(x, y) \otimes k(x, y)\right] &= \sum_{x=0}^{M-1} \sum_{y=0}^{N-1} \left\{\left[\sum_{m=0}^{M-1} \sum_{n=0}^{N-1} f(m, n) k(x-m, y-n)\right] \mathrm{e}^{-\mathrm{j}2\pi\left(\frac{ux}{M}+\frac{vy}{M}\right)}\right\} \\
&= F(u, v) K(u, v)
\end{aligned} \tag{7-12}
$$

据此，二维卷积定理可表示为

$$f(x, y) \otimes k(x, y) \Leftrightarrow F(u, v)K(u, v) \qquad (7-13)$$

根据上述卷积定理可知，空间域的卷积处理可等效为在频谱进行点乘处理。因此，CNN 中的卷积层处理可等效为在频域进行输入 SAR 图像频谱与卷积核频谱的点乘处理，这就是卷积处理频域可解释性分析的研究基础。在此基础上，空间域卷积处理对应为频谱的点乘处理，则针对幅度谱的变化可表示为

$$\begin{aligned} |F(u, v) \cdot K(u, v)| &= \left| |F(u, v)| e^{j\varphi_1(u, v)} \cdot |K(u, v)| e^{j\varphi_2(u, v)} \right| \\ &= F(u, v)| \cdot |K(u, v)| \end{aligned} \qquad (7-14)$$

其中，$|F(u, v)|$ 和 $|K(u, v)|$ 分别为 $f(x, y)$ 和 $k(x, y)$ 的幅度谱；$\varphi_1(u, v)$ 和 $\varphi_2(u, v)$ 分别为 $f(x, y)$ 和 $k(x, y)$ 的相位谱。卷积处理后的相位谱表示为

$$\begin{aligned} \phi[F(u, v) \cdot K(u, v)] &= \phi\left[|F(u, v)| e^{j\varphi_1(u, v)} \cdot |K(u, v)| e^{j\varphi_2(u, v)} \right] \\ &= \varphi_1(u, v) + \varphi_2(u, v) \end{aligned} \qquad (7-15)$$

其中，$\phi[\cdot]$ 表示取相位谱的处理。由式 (7-15) 可以看出，卷积后特征图的相位谱为待处理特征图相位谱与卷积核相位谱之和。

此外，在频域处理过程中，应用零相频滤波器是一种常见的处理手段，零相频滤波器包括高通、低通、带通、带阻、陷波滤波器。其中，陷波滤波器是选择性滤波器中应用最广泛的一种。该滤波器负责通过或截止图像中事先定义的关于频率中心的一个邻域的频率。零相频滤波器是关于原点对称的，因此，一个中心在 (u_0, v_0) 的陷波在位置 $(-u_0, -v_0)$ 必须有一个对应的陷波。陷波滤波器可通过中心已被平移到陷波滤波器中心的高通或低通滤波器的乘积来构造，可表示为

$$H_{NR}(u, v) = \prod_{k=1}^{Q} H(u, v)H_-(u, v) \qquad (7-16)$$

其中，$H(u, v)$ 和 $H_-(u, v)$ 是高通或低通滤波器，其中心分别位于 (u_k, v_k) 和 $(-u_k, -v_k)$ 处。该滤波器的滤波方向、通过区域的中心频率由 u_k、v_k 决定，通带宽度由 $H(u, v)$ 的通带宽度决定。

7.4　卷积核幅度谱对特征提取的影响分析

根据式 (7-14)，可以看出卷积处理后特征图的幅度谱为输入图像幅度谱与卷积核幅度谱点乘的结果。在图像处理领域，卷积处理等效为以卷积核为滤波器的滤波过程。其中，卷积核所对应的滤波器类型以及被广泛应用的陷波滤

波器技术指标均会对处理后的图像产生影响。陷波滤波器技术指标包括滤波方向、通过区域中心频率、通带宽度。图 7-2 给出了一幅改进 SAR 图像的空间域表示以及其对应的幅度谱对数域表示，并将其作为对上述因素进行讨论的基础。其中，改进 SAR 图像为对一幅原始 SAR 目标图像进行目标区域与背景杂波区域划分，并将背景杂波区域中所有像素进行置零处理后的结果。该改进过程可防止背景杂波对分析结果造成影响。图 7-2 所示的空间中，包含一个主方向与水平向右方向夹角约为 135°的条状目标，通过式(7-3)求出对应幅度谱。并且，为了增加幅度谱的对比度，对其进行取对数处理，结果如图 7-2(b)所示。可以看出，低频部分有较多的高能量频率点，而高频部分能量普遍较低。此外，在低频部分存在与水平向右方向约为 45°的条纹。可见，空域目标边界方向与幅度谱所反映的梯度变化方向是互相垂直的。本节对图 7-2(a)进行卷积处理，将卷积处理后幅度谱与图 7-2(b)进行对比，观察图像空间域显示的变化，分析不同卷积核对图像特征提取的影响情况。

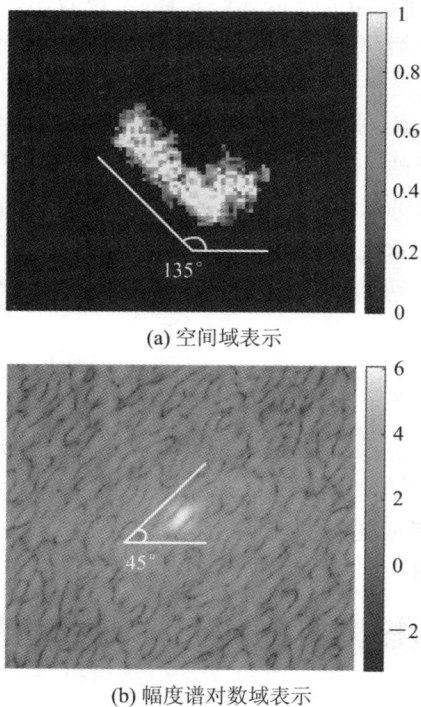

(a) 空间域表示

(b) 幅度谱对数域表示

图 7-2　改进 SAR 图像的空间域表示与其对应的幅度谱对数域表示

7.4.1　滤波器类型对幅度谱的影响情况分析

本部分首先讨论不同滤波器类型对 SAR 图像幅度谱的影响。图 7-3 展示了五组理想滤波器的幅度谱情况。为了使仿真滤波器更接近实际情况，将通带增益设置为 1，阻带设置为 0.2。可见，阻带内增益不完全为 0。分别以图 7-3 所示的五组滤波器对图 7-2(a)所示的 SAR 图像进行滤波处理，得到的幅度谱对数域结果如图 7-4 所示。由式(7-14)可得，不同滤波器能够提取目标在不同频带上的特征。值得注意的是，在图 7-2(b)中显示的低频部分存在明显的高能量区域，即使图 7-3 中滤波器在该区域为阻带，但阻带增益不为 0，所以该区域的高能量信息能够在一定程度上得以保留。正因如此，图 7-4 中的五组结果在低频区域仍存在高能量。此外，在其他频段上的滤波后幅度谱结果受到图 7-3 的影响较为显著。例如，图 7-3(c)中存在明显的环状阻带区域，这导致图 7-4(c)中相应频段同样存在低能量环状区域；图 7-3(e)中存在两个圆形通带，且两通过区域中心的连线与水平向右方向夹角约为 135°，这导致图 7-4 结果在该通过区域得到较高能量，并且除低频区域外，其他频率区域能量被抑制。

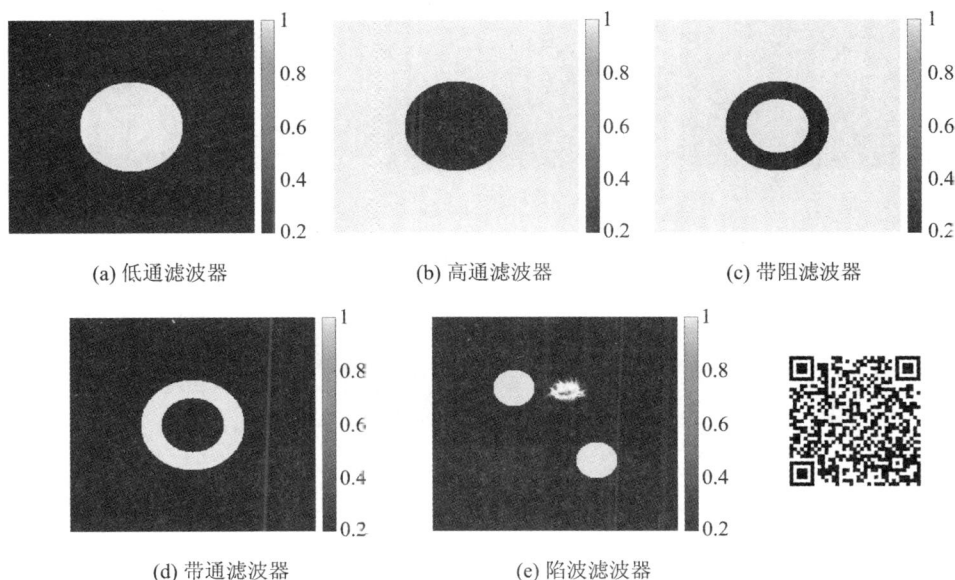

(a) 低通滤波器　　　　　(b) 高通滤波器　　　　　(c) 带阻滤波器

(d) 带通滤波器　　　　　(e) 陷波滤波器

图 7-3　五组理想滤波器的幅度谱

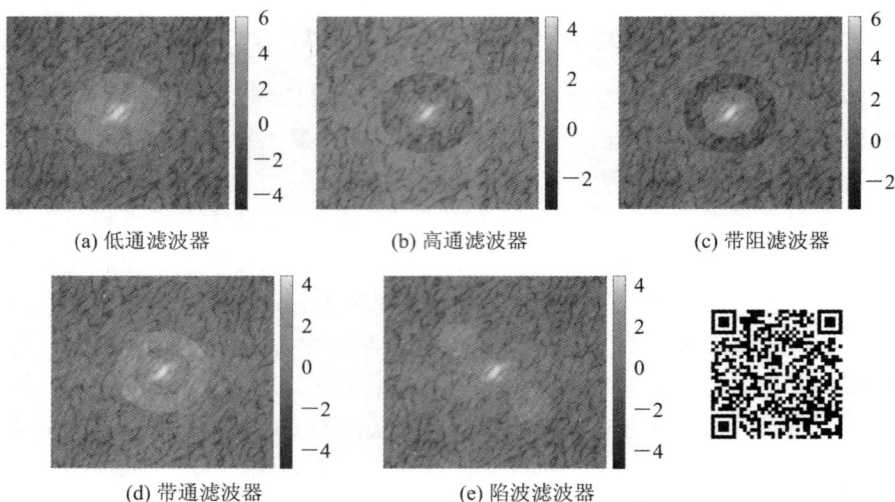

(a) 低通滤波器　　　　　　　(b) 高通滤波器　　　　　　　(c) 带阻滤波器

(d) 带通滤波器　　　　　　　(e) 陷波滤波器

图 7 - 4　五组滤波处理后图像的幅度谱对数域情况

经过五组滤波处理后，图像空间域显示如图 7 - 5 所示。

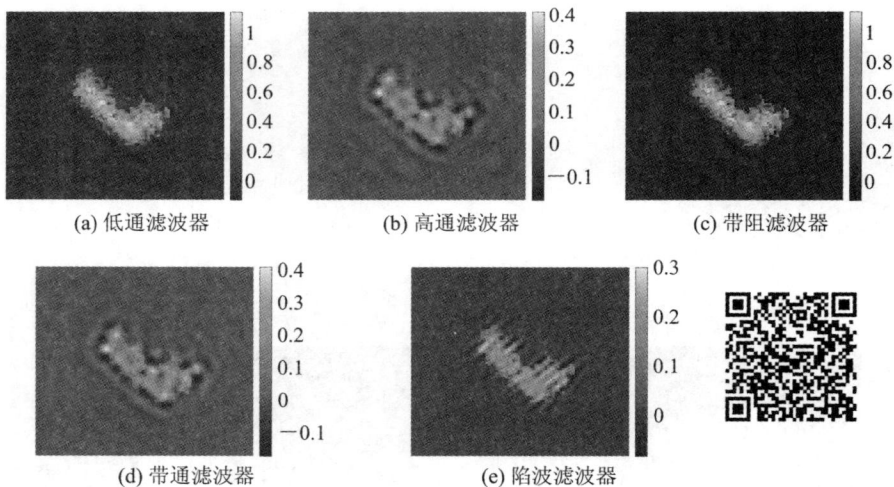

(a) 低通滤波器　　　　　　　(b) 高通滤波器　　　　　　　(c) 带阻滤波器

(d) 带通滤波器　　　　　　　(e) 陷波滤波器

图 7 - 5　滤波后图像空间域显示

由图 7 - 5 可以明显看出，由于五组滤波处理所保留的频率信息有所差异，滤波后图像也有所不同。其中，图 7 - 5(a) 显示的低通滤波处理结果表现为对整幅图像进行平滑处理，即保留了低频概貌信息。图 7 - 5(b) 显示的高通滤波处理结果目标边缘更加清晰，即保留了高频细节信息。另外，在图 7 - 5(e) 显

示的陷波滤波处理结果中存在斜向条纹，该条纹与水平向右方向之间夹角约为
45°。该方向与陷波滤波器幅度谱中两通过区域方向垂直，即该滤波器有效提
取了空间域上的 45°方向的纹理信息。

7.4.2　陷波滤波器技术指标对幅度谱的影响分析

本部分对本书第 4～6 章所介绍的 AlexNet、基于 CNN 的 SAR 图像抑噪
方法、基于两级 CNN 的 SAR 目标检测方法、基于 CNN 的 SAR 图像目标识别
方法分别进行卷积层卷积核幅度谱所属滤波器类型的统计。图 7-6 展示了陷
波滤波器占比情况，其中，每个网络的横坐标对应为卷积层索引，纵坐标为陷
波滤波器的占比。可以看出，四组网络中陷波滤波器的占比在大多数卷积层中
均超过 0.5。这说明在网络的卷积层中，陷波滤波器的应用最为广泛。因此，本
部分主要对陷波滤波器技术指标的影响进行讨论。

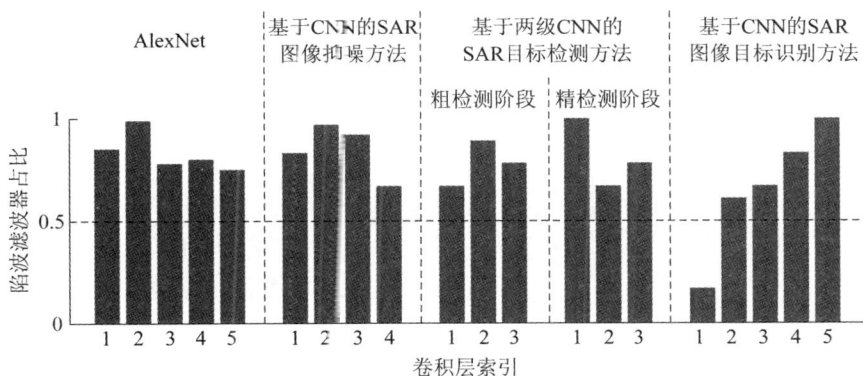

图 7-6　不同网络卷积层卷积核幅度谱属于陷波滤波器类型的占比情况

本部分分别讨论多个陷波滤波器技术指标对 SAR 图像幅度谱的影响，主
要包括滤波方向、区域中心频率、通带宽度。由式(7-10)可得，幅度谱是关于
零频点偶对称的。所以，本部分只对幅度谱上半部分进行分析。为了能够定量
描述上述指标，这里给出了各指标取值的确定方式。

（1）A_{revise}：以 -3 dB 为界限，保留卷积核幅度谱中的通带幅值，其他部分
为阻带，幅值全部置零，即可得到近似幅度谱 A_{revise}；

（2）θ_{filter}：以零频点为原点，水平向右方向为基准，获取 A_{revise} 中每个连通
非零区域中心与原点之间的连线，该连线与基准之间的夹角为滤波方向 θ_{filter}，
该值的取值范围为 0°～180°，该方向的获取过程如图 7-7 所示；

（3）L_{center}：求 A_{revise} 中每个连通非零区域中心与原点之间的距离，并与最

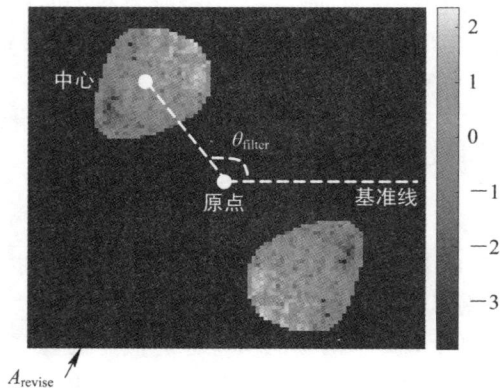

图 7-7　滤波方向确定示意图

高频点与零频之间距离求比值，表示该区域中心频率 L_{center}，该值的取值范围为 0~1；

（4）W_{pass}：求 A_{revise} 中每个连通非零区域中像素点个数，并与幅度谱中总频点个数求比值，表示该通带宽度 W_{pass}，该值的取值范围为 0~1。

1. 滤波方向对 SAR 图像幅度谱的影响情况分析

本部分讨论陷波滤波器滤波方向对 SAR 图像幅度谱的影响，以陷波滤波器为研究对象，在其他滤波器技术指标不变，仅改变滤波方向的情况下，进行幅度谱分析。图 7-8 展示了三个不同滤波方向的陷波滤波器幅度谱，其对应的滤波方向分别为 0°、90°、135°。此外，三个滤波器的其他技术指标均保持一致，即 $L_{center} = 0.4754$，$W_{pass} = 0.0449$。

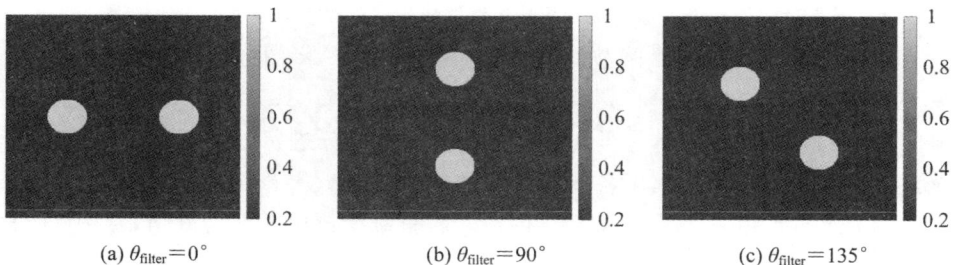

(a) $\theta_{filter} = 0°$　　　　　(b) $\theta_{filter} = 90°$　　　　　(c) $\theta_{filter} = 135°$

图 7-8　滤波方向不同的陷波滤波器幅度谱

以图 7-8 所示的三个滤波器分别对图 7-2(a)所示的改进 SAR 图像进行滤波处理，所得到滤波结果的幅度谱如图 7-9 所示。可以明显看出，三个结果中除低频区域均存在能量较高的区域以外，每组高能量区域所处位置与图 7-8

中不同滤波器的通带区域位置相对应。该现象说明滤波过程所提取的方向信息与滤波的方向一致。此外，滤波处理后图像空间域显示如图 7 - 10 所示。其中，每个空间域结果中含有方向不同的条纹，且目标区域条纹更加清晰。三组条纹方向分别为 90°、0°、45°，分别与其对应的滤波器方向垂直。该现象说明：不同的陷波滤波器方向可以提取不同图像中与之垂直的纹理信息。

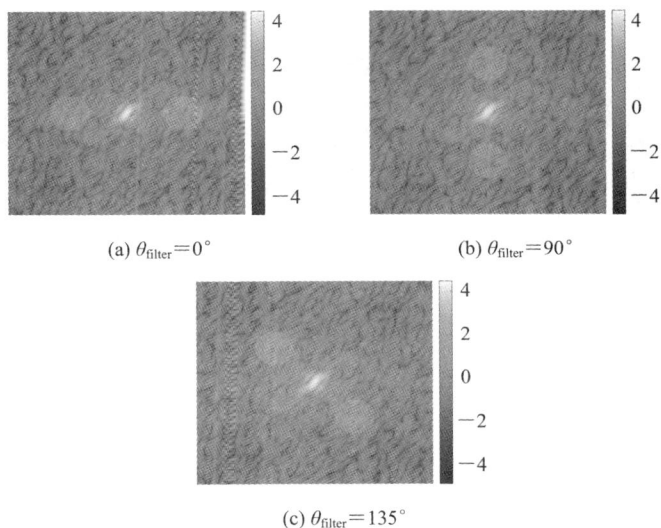

(a) $\theta_{filter}=0°$　　　　　　　(b) $\theta_{filter}=90°$

(c) $\theta_{filter}=135°$

图 7 - 9　滤波方向不同情况下的输出图像幅度谱

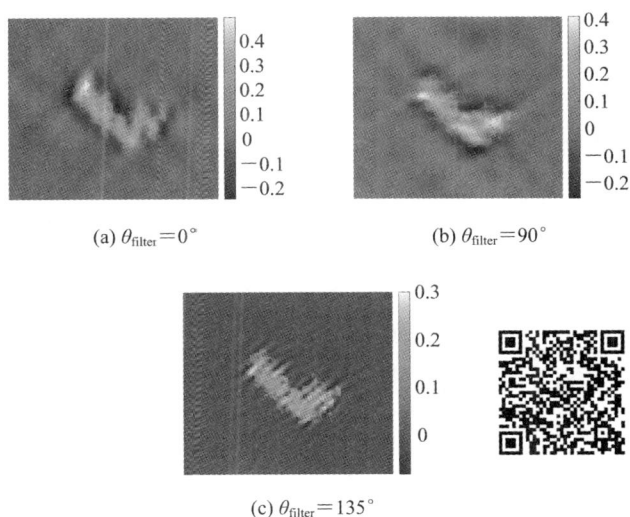

(a) $\theta_{filter}=0°$　　　　　　　(b) $\theta_{filter}=90°$

(c) $\theta_{filter}=135°$

图 7 - 10　滤波方向不同情况下的输出图像空间域显示

2. 区域中心频率对 SAR 图像幅度谱的影响情况分析

本部分讨论区域的中心频率对 SAR 图像幅度谱的影响，以陷波滤波器为研究对象，在其他技术指标不变，仅改变滤波器区域的中心频率情况下进行幅度谱分析。图 7-11 展示的三个区域中心频率分别为 0.2377、0.4754、0.8319。此外，其他滤波器指标均相同，即 $\theta_{filter}=135°$，$W_{pass}=0.0449$。

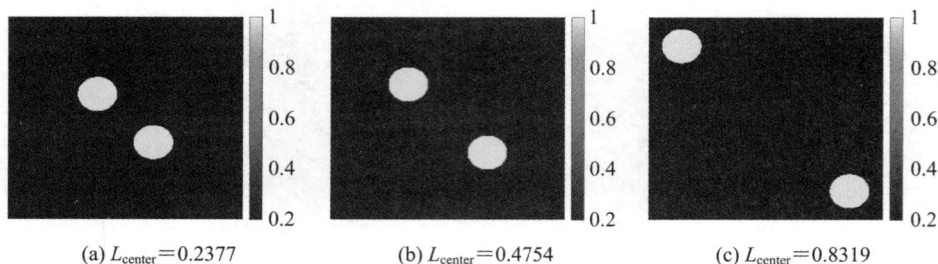

(a) $L_{center}=0.2377$ (b) $L_{center}=0.4754$ (c) $L_{center}=0.8319$

图 7-11　区域中心频率不同的三个卷积核幅度谱

对图 7-2(a)分别进行基于图 7-11 所示的三个卷积核的滤波处理，得到滤波后图像的幅度谱对数域结果，如图 7-12 所示。可以明显看出，图 7-12(a)中的高能量区域集中在低频部分，且主方向近似为 135°。此外，随着区域中心频率的增加，除低频高能量区域外，其他高能量区域所处频段也有所增加，具体如图 7-12(b)和(c)所示。这与图 7-11 所示卷积核通过区域相对应。通过三组滤波处理，输出结果空间域显示如图 7-13 所示。可以明显看出，在三组空间域结果中，尤其是目标区域，呈现出明显的方向为 45° 的条纹。但是，随着中心频率的增加，条纹宽度逐渐变窄。该现象与图像频率的定义相关，即条纹宽度窄，对应为图像灰度变化剧烈的高频信息。可见，陷波滤波器的区域中心频率不同，影响所提取图像特征的频段。

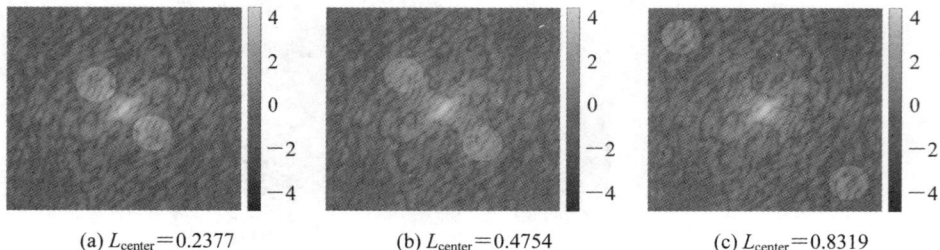

(a) $L_{center}=0.2377$ (b) $L_{center}=0.4754$ (c) $L_{center}=0.8319$

图 7-12　区域中心频率不同的三个输出图像幅度谱

(a) $L_{center}=0.2377$

(b) $L_{center}=0.4754$

(c) $L_{center}=0.8319$

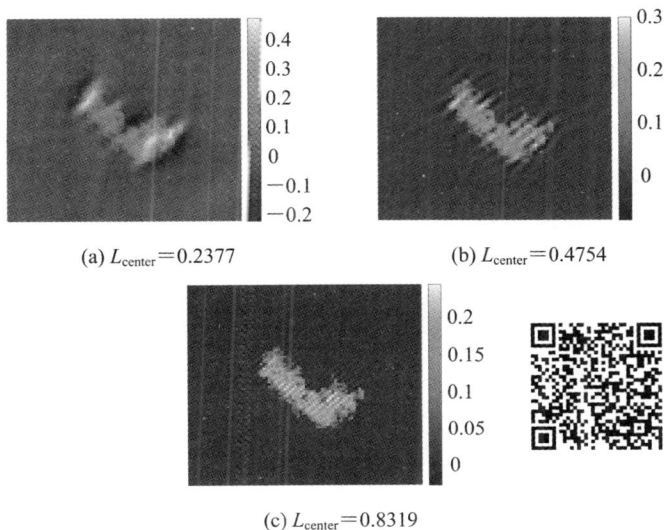

图 7 - 13 区域中心频率不同的三个输出图像空间域显示

3. 通带宽度对 SAR 图像幅度谱的影响情况分析

本部分讨论通带宽度对滤波 SAR 图像幅度谱的影响，以陷波滤波器为研究对象，在其他参数不变，对又改变陷波通带宽度的情况下的幅度谱影响情况进行分析。图 7 - 14 所示的三个通带宽度分别为 0.0112、0.0449、0.1009。此外，其他滤波器技术指标均相同，即 $\theta_{filter}=135°$，$L_{center}=0.4754$。

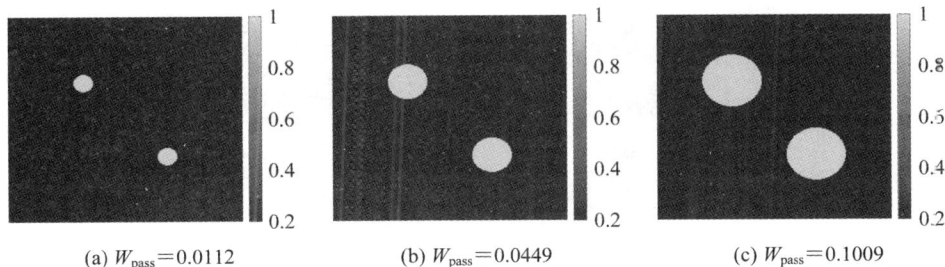

(a) $W_{pass}=0.0112$

(b) $W_{pass}=0.0449$

(c) $W_{pass}=0.1009$

图 7 - 14 通带宽度不同的三个卷积核幅度谱

以图 7 - 14 所示的三个卷积核对图 7 - 2(a)分别进行滤波处理，得到滤波结果的幅度谱对数域结果，如图 7 - 15 所示。可以明显看出，除低频段高能量区域以外，随着图 7 - 14 所示的通带宽度逐渐增加，图 7 - 15 中所对应的高能量区域的宽度也逐渐增加。此外，滤波后输出结果的空间域显示如图 7 - 16 所示。由于三组陷波滤波器的滤波方向相同，因此空间域显示结果条纹方向均为45°。虽然滤波器通过频段中心频率完全一致，但通带宽度导致通过频段存在差异。通带宽度越宽，空域结果中显示的所提取特征更加抽象。

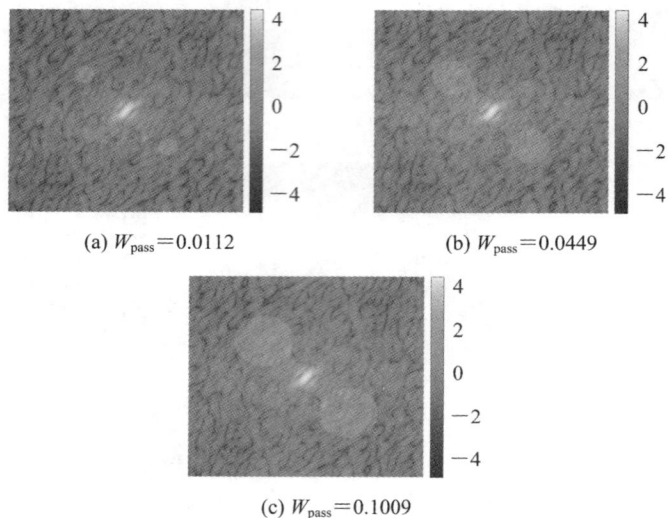

(a) $W_{pass}=0.0112$

(b) $W_{pass}=0.0449$

(c) $W_{pass}=0.1009$

图 7 - 15   通带宽度不同的三个输出图像的幅度谱

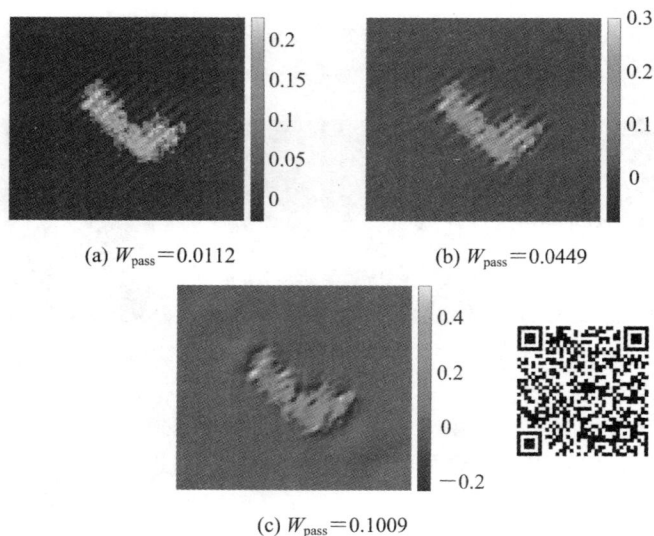

(a) $W_{pass}=0.0112$

(b) $W_{pass}=0.0449$

(c) $W_{pass}=0.1009$

图 7 - 16   通带宽度不同的三个输出图像的空间域显示

7.5　卷积核相位谱对特征提取的影响分析

与幅度谱不同，相位谱主要反映图像的形状、位置信息。但一般情况下，直接观察相位谱很难获得有效信息。因此，可利用 Oppenheim 等提出的基于相位谱重构的方法进行图像的相位谱分析，可确定该相位谱携带的图像形状、位置信息。具体过程为：通过原始图像求出相位谱，再将与相位谱大小一致的全 1 矩阵设置为重构幅度谱，与所求相位谱相结合，进行 2D-IDFT 处理，最后得到重构后的图像 $f_{re}(x, y)$，表示为

$$f_{re}(x, y) = \mathscr{F}^{-1}\left[\boldsymbol{I}_1(u, v) \cdot e^{j\varphi(u, v)} \right] \qquad (7-17)$$

其中，$\boldsymbol{I}_1(u, v)$ 为大小为 $A \times B$ 的全 1 矩阵，$\mathscr{F}^{-1}[\cdot]$ 为 2D-IDFT。虽然原始图像 $f(x, y)$ 的频谱包含幅度谱和相位谱两部分信息，但由式(7-11)可以看出，重构图像的生成过程仅保留了 $f(x, y)$ 频谱中的相位谱 $\varphi(u, v)$，而忽略了幅度谱 $|F(u, v)|$。因此，重构图像 $f_{re}(x, y)$ 可直观地反映 $\varphi(u, v)$ 所携带的信息。

本部分以图 7-2(a) 为基础进行仿真实验。首先，对如图 7-2(a) 所示的改进 SAR 图像分别进行旋转、平移变换处理，得到结果，如图 7-17(b)、(c) 所示。其中，经过旋转变换后，目标区域的边界发生变化；经过平移变换后，目标位置发生变化。进而，对图 7-17 所示的三组 SAR 图像分别取相位谱，结果如图 7-18 所示。可以看出，相位谱所携带的信息并不能直观反映出来。在此基础上，分别对图 7-17 所示的三组 SAR 图像进行上述重构处理，可以反映出三幅 SAR 图像的相位谱所携带的信息。

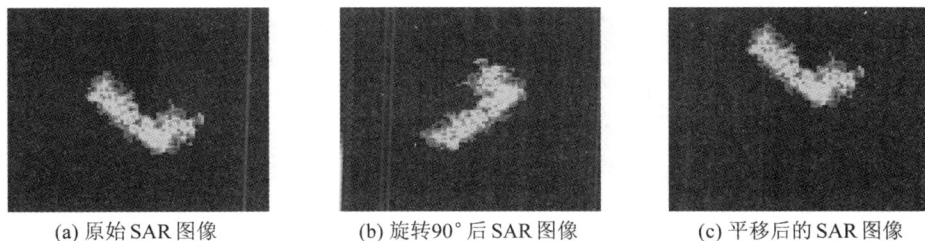

(a) 原始 SAR 图像　　　　(b) 旋转 90° 后 SAR 图像　　　　(c) 平移后的 SAR 图像

图 7-17　变换前后 SAR 图像的空间域显示

(a) 原始 SAR 图像　　　　　　(b) 旋转90°后 SAR 图像

(c) 平移后的 SAR 图像

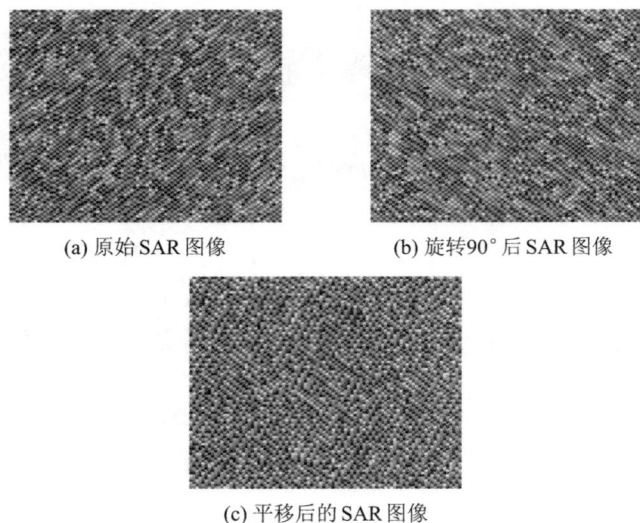

图 7 - 18　三组改进 SAR 图像相位谱

　　重构处理结果如图 7 - 19 所示。可以看出，重构后图像能够明确显示对应原图像中目标的边界。比较图 7 - 19(a)和(b)，可以看出，目标边界发生 90°的旋转。这与图 7 - 17(a)和(b)的关系一致，说明图像相位谱能够反映目标的形状信息。比较图 7 - 19(a)和(c)，可以看出，目标位置发生平移，这与图 7 - 17(a)和(c)的关系一致，说明图像相位谱能够反映目标的位置信息。在卷积处理过程中，通过式(7 - 15)可知卷积后图像相位谱变化为原始 SAR 图像与卷积核相位谱求和的结果，即卷积核相位谱会改变 SAR 图像目标形状、位置信息。

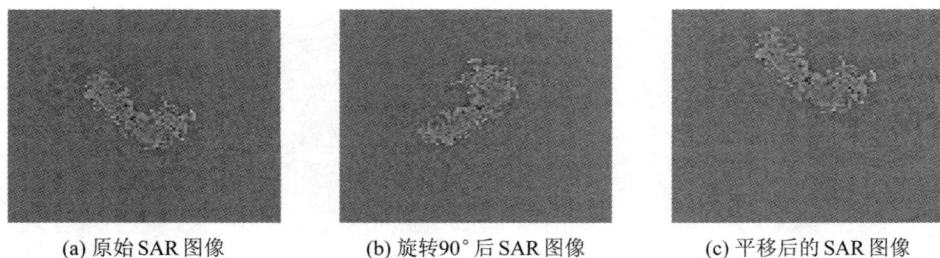

(a) 原始 SAR 图像　　　　　(b) 旋转90°后 SAR 图像　　　　　(c) 平移后的 SAR 图像

图 7 - 19　改进 SAR 图像重构后的空间域显示

7.6　实验与分析

　　虽然本书第 4、5、6 章所介绍的基于 CNN 的 SAR 图像斑点抑噪方法、基于两级 CNN 的 SAR 图像目标检测方法与基于 CNN 的 SAR 图像目标识别方法所面临的任务有差异，但其均以 CNN 为基础建立网络模型。因此，可运用本章所提出的频谱特征分析方法分别从幅度谱和相位谱两个角度展开三个网络的特征提取分析，进一步对每个网络中的卷积处理进行分析。本章中把第 4、5、6 章涉及的网络简称为斑点噪声抑制网络、检测网络与识别网络。该实验分析可实现已有网络特征提取处理的具体行为分析，明确不同网络所提取特征的差异。

7.6.1　基于幅度谱的卷积频谱分析

　　本部分从幅度谱的角度对本书已提出网络的卷积层进行可解释性分析。根据 7.3 节所述的理论基础，对第 4、5、6 章所提的基于 CNN 的 SAR 图像斑点噪声抑制方法、基于两级 CNN 的 SAR 图像目标检测方法、基于 CNN 的 SAR 图像目标识别方法中卷积层的卷积核幅度谱进行讨论。其中，待分析的抑噪网络以及识别网络均由 MSTAR 数据集数据训练得到，而待分析的检测网络是由 OpenSARShip 数据集训练得到的。

1. 基于幅度谱的 SAR 图像抑噪方法的可解释性分析

　　对斑点噪声抑制网络求幅度谱，结果如图 7 - 20 所示。可以发现，在基于 CNN 的 SAR 图像斑点抑噪方法所包含的四层卷积层中，大部分滤波器的幅度谱属于陷波滤波器，通过频段属于高频频段，且通带宽度较大。从第 4 章对基于 CNN 的 SAR 图像斑点抑噪方法的模型结构的介绍可知，该网络的学习目标为合成的仿真斑点噪声。因此，本实验现象说明该网络通过部分高频段特征的组合实现 SAR 图像斑点噪声的拟合。

　　由于图 7 - 20 中显示陷波滤波器占比较大，本部分对所有陷波滤波器的技术指标情况进行不同指标的分布统计。首先，图 7 - 21 为陷波滤波器的滤波方向的分布情况，可以看出，滤波方向主要集中在 45°和 135°附近。对该现象进行分析，首先，将斑点噪声近似为一幅均匀的图像，其幅度谱表现为穿过中心的两条方向为 0°和 90°的高能量条纹，且随着频率的增加，能量有所减弱。当

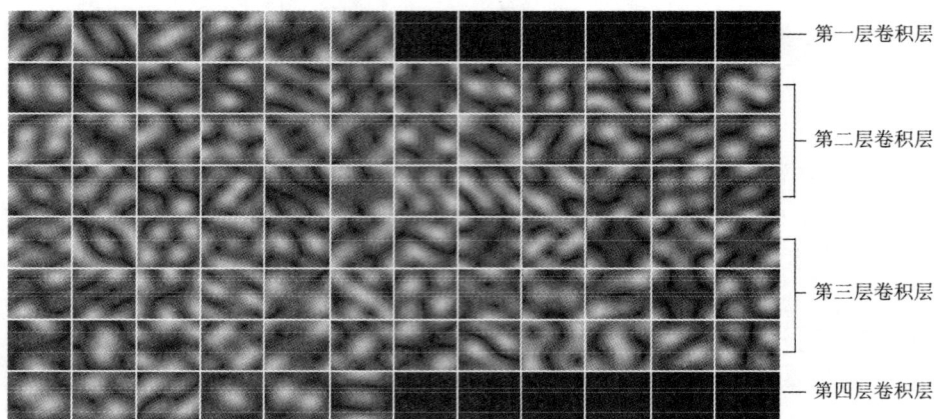

图 7 - 20 斑点噪声抑制网络的卷积核幅度谱

卷积核幅度谱方向在 45°和 135°附近时，经过频域的点乘处理后可有效提取 0°、45°、90°、135°附近的特征。而输入 SAR 目标图像中目标的方向并不影响特征提取的方向，这样就验证了该网络的主要学习目标为斑点噪声。

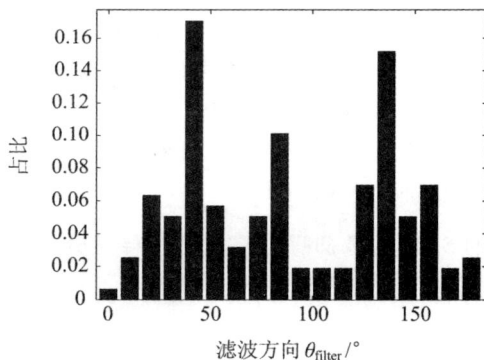

图 7 - 21 斑点噪声抑制网络的陷波滤波器滤波方向的分布

此外，对斑点噪声抑制网络陷波滤波器中通过区域中心频率以及通带宽度的分布进行统计，结果如图 7 - 22 所示。从图 7 - 22(a)可以明显看出，高频部分占比最大，即大部分斑点噪声抑制网络的卷积核幅度谱表现为陷波滤波器，且其通过频段为高频段，说明该网络通过提取细节信息学习斑点噪声矩阵。从图 7 - 22(b)可以明显看出，陷波滤波器通带宽度的分布比较分散，即提取特征对应频域的精细程度有明显差异。

(a) 中心频率

(b) 通带宽度

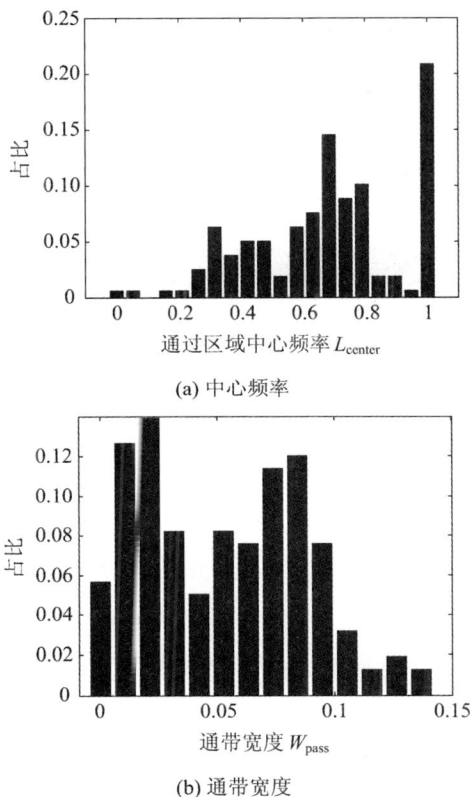

图 7 - 22　斑点噪声抑制网络的陷波滤波器中心频率和通带宽度的分布

2. 基于幅度谱的 SAR 目标检测方法的可解释性分析

运用同样的方法分析第 5 章所介绍的基于两级 CNN 的 SAR 目标检测方法卷积层，其卷积核幅度谱如图 7 - 23 所示。从该结果可以看出，检测方法中粗检测阶段与精检测阶段卷积核幅度谱比较接近，且属于陷波滤波器类型的情况占大多数。但相比之下，两级网络在第一层卷积层中卷积核幅度谱存在明显差异，其中，粗检测阶段通过的低频段更多，而精检测阶段通过的频带宽度更窄。该现象表明：用于从背景杂波中提取疑似目标的粗检测阶段通过低频概貌信息进行疑似目标提取；用于真实目标与鬼影虚假目标区分的精检测阶段通过高频且频段相对精细的频域特征进行二者的区分。

(a) 粗检测阶段

(b) 精检测阶段

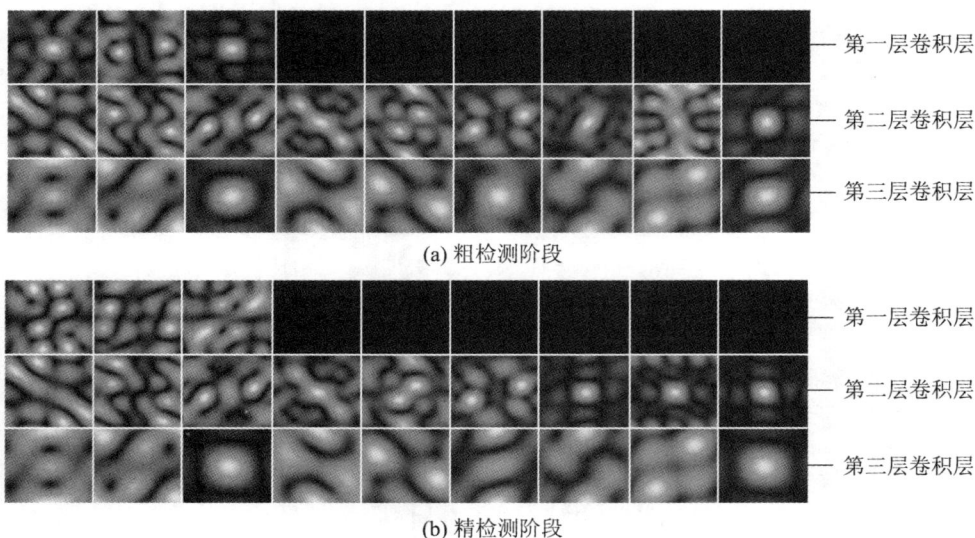

图 7 - 23 检测网络的卷积核幅度谱

同样地，对幅度谱表现为陷波滤波器形式的卷积核幅度谱进行陷波滤波器技术指标的统计。图 7 - 24 展示了滤波方向的分布情况。统计时，将 $0°\sim180°$ 分为 20 组，当每组占比接近 0.05 时，滤波方向的分布更平均。可以看出，精检测阶段的滤波方向分布更平均，说明在进行真实目标与鬼影虚假目标的识别时，所提取的特征的方向分布比较均匀，即二者不存在某一方向上的显著差异。

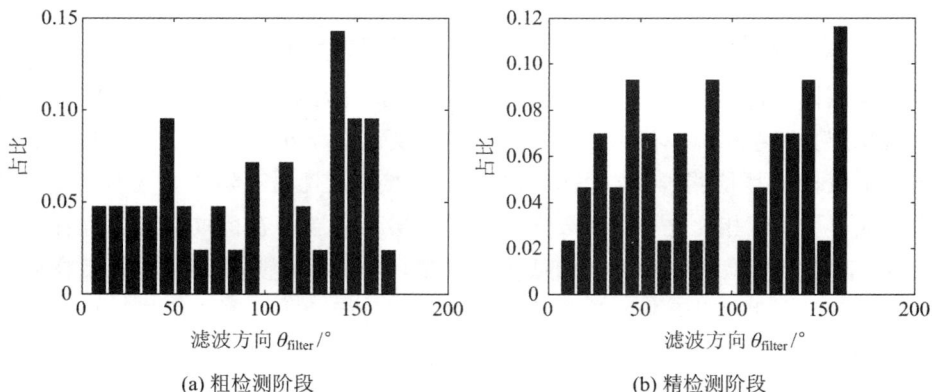

(a) 粗检测阶段

(b) 精检测阶段

图 7 - 24 检测网络的陷波滤波器滤波方向的分布

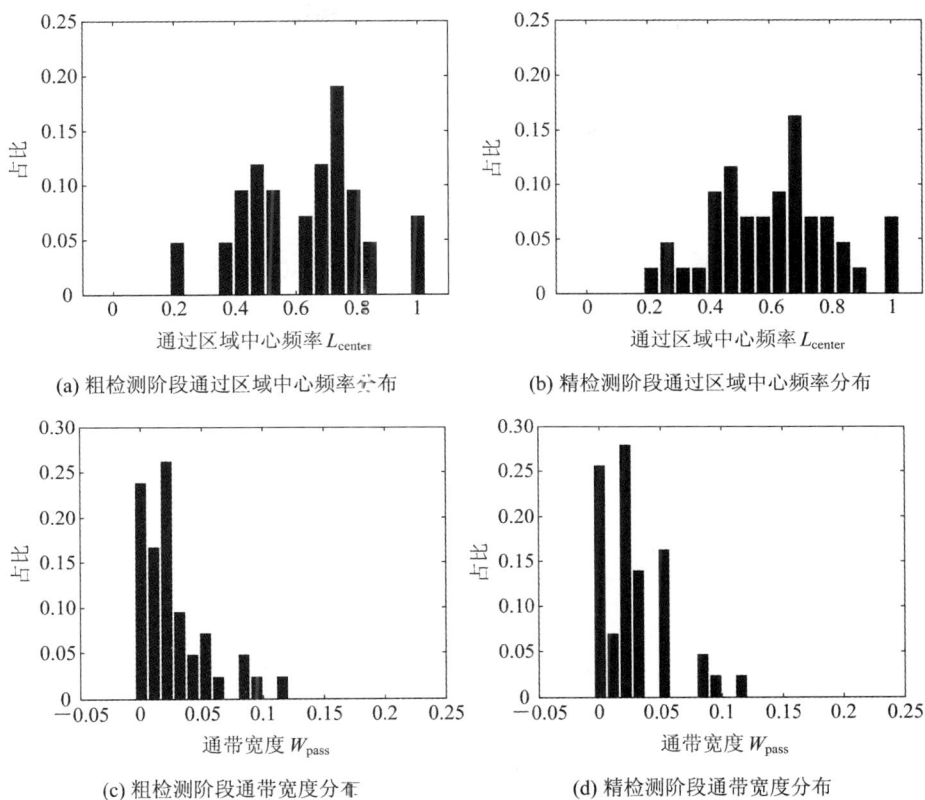

(a) 粗检测阶段通过区域中心频率分布

(b) 精检测阶段通过区域中心频率分布

(c) 粗检测阶段通带宽度分布

(d) 精检测阶段通带宽度分布

图 7 - 25　检测网络的陷波滤波器通过区域中心频率与通带宽度的分布

　　进而，分别对两阶段通过区域中心频率与通带宽度进行分布统计，结果如图 7 - 25 所示。通过区域中心频率的分布如图 7 - 25(a)、(b)所示，粗检测阶段和精检测阶段无论在分布的分散程度，还是占比情况上，均比较接近。这说明两阶段通过频段的中心频率指标比较接近。但与图 7 - 21(a)所示的抑噪网络相比，本网络中大部分通过区域的中心频率较低，说明用于疑似目标提取以及真实目标与鬼影之间区分的特征在细节上不及进行斑点噪声学习的特征。此外，观察图 7 - 25(c)、(d)所示的通带宽度分布情况，发现这两级网络通带宽度在较低范围内比例较大。尤其与图 7 - 22(b)所示的抑噪网络的分布相比，检测网络通过频段宽度较窄，即每个通过频段集中于其中心频率上，检测网络提取到的频域特征更为精细。

3. 基于幅度谱的 SAR 图像目标识别方法的可解释性分析

　　以同样的方法分析第 6 章介绍的基于 CNN 的 SAR 图像目标识别方法的

卷积层，其卷积核幅度谱如图 7-26 所示。可以明显看出，该网络前三层卷积层卷积核幅度谱情况与第四、五层有明显差别。根据第 6 章介绍的基于 CNN 的 SAR 图像目标识别方法的模型结构，前三层为抑噪处理阶段，第四、五层为识别处理阶段。在图 7-26 中，用于抑噪的前三层卷积层的大部分卷积核的幅度谱属于低通滤波器形式，即通过低频概貌信息完成 SAR 图像斑点噪声抑制。在第四、五层中，大部分卷积核幅度谱表现为陷波滤波器形式，但通过频段明显较低，且通带区域明显较窄，即需要通过提取精细的低频通过频段的组合，获取抽象特征，用于目标类型的识别。

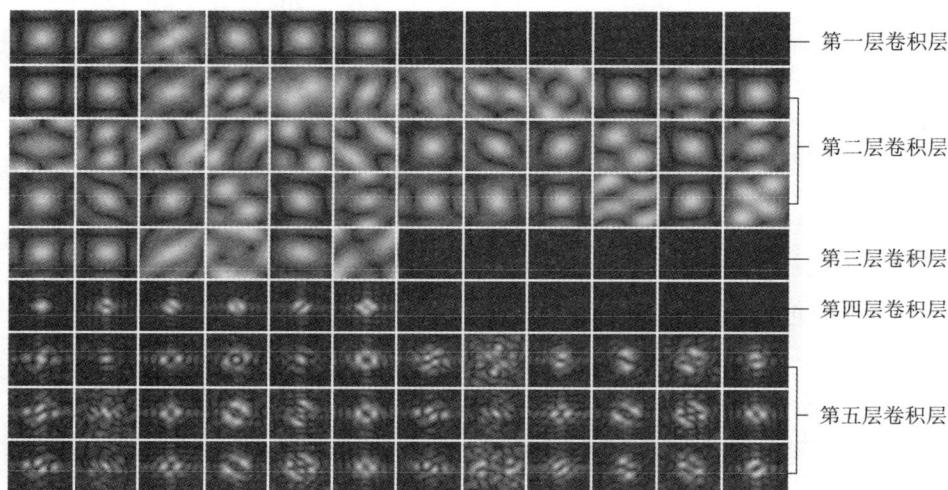

图 7-26 识别网络的卷积核幅度谱

同样，对识别网络卷积核幅度谱属于陷波滤波器类型的幅度谱进行滤波方向的统计，结果如图 7-27 所示。可以明显看出，方向为 0°、90°、180°的占比较大。在 MSTAR 数据集建立过程中，对同一目标按不同角度进行测量、成像，所以每类目标的主方向并不唯一。图 7-27 所示的结果表明，仅根据 0°、90°、180°方向的特征即可实现不同类型目标的识别。

此外，对识别网络卷积核幅度谱属于陷波滤波器形式的卷积核进行幅度谱通过区域中心频率与通带宽度的分布统计，结果如图 7-28 所示。其中，图 7-28(a)展示的通过区域中心频率主要集中在低频部分，即识别网络通过提取低频概貌信息实现目标分类。图 7-28(b)展示的通带宽度相比于抑噪、检测网络，更集中于较低的通带宽度。这也进一步说明，识别网络需要提取精细的不同低频段信息，并将其进行组合，实现目标类型的识别。

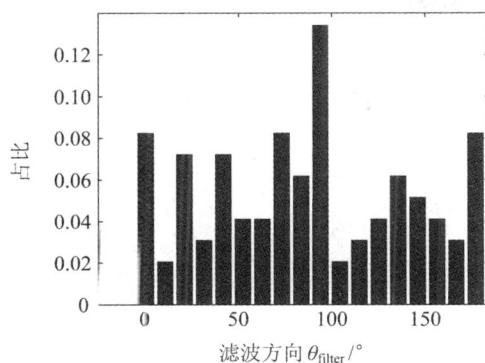

图 7-27　识别网络的陷波滤波器滤波方向的分布

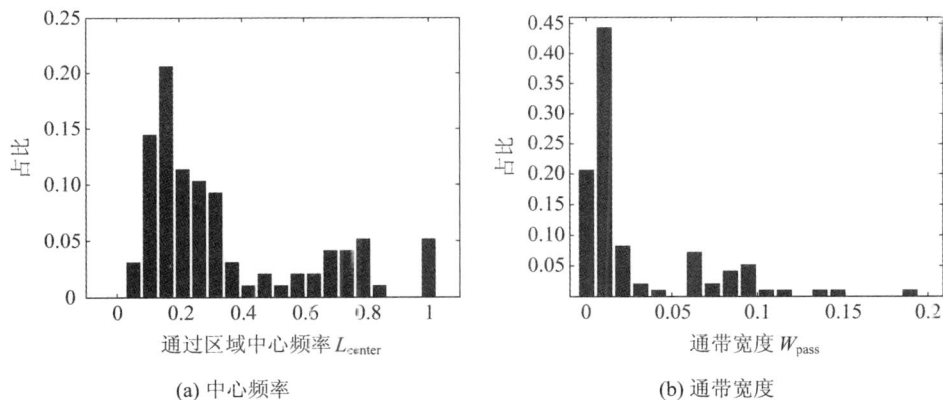

(a) 中心频率　　　　　　　　(b) 通带宽度

图 7-28　识别网络的陷波滤波器通过区域中心频率与通带宽度的分布

7.6.2　基于相位谱的卷积频谱分析

根据 7.5 节的分析,相位谱携带了 SAR 图像中目标的形状、位置信息。比外,在卷积处理过程中,卷积核的相位谱会对 SAR 图像中目标的形状、位置信息带来影响。本部分通过实际 SAR 图像验证相位谱的作用。首先,图 7-29 给出了用于进行相位谱分析的车辆、舰船目标 SAR 图像的空域显示。两幅图像大小一致,但由于目标实际尺寸差距较大,即使两幅图像分辨率不同,仍表现为舰船目标明显大于车辆目标。

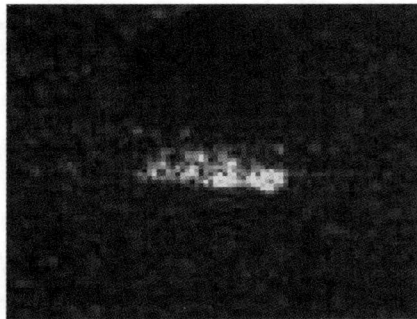

(a) 车辆目标

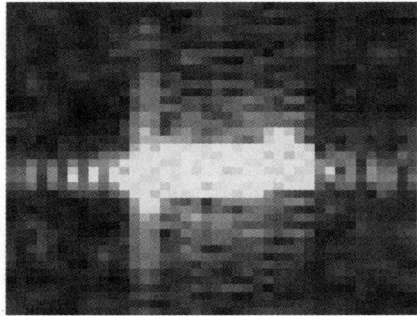

(b) 舰船目标

图 7-29 原始 SAR 目标图像空间域显示

在不考虑卷积核幅度谱的影响情况下，卷积处理后图像可通过以下公式表示：

$$f_k(x, y) = \mathscr{F}^{-1}\left[\,|F(u, v)| \cdot e^{j\left[\varphi(u, v)+\varphi_k(u, v)\right]}\,\right] \tag{7-18}$$

其中，$\varphi_k(u, v)$ 为一组卷积核相位谱，$|F(u, v)|$ 为原始图像 $f(x, y)$ 的幅度谱。为了确定卷积核相位谱所能够提取的 SAR 图像特征信息，考虑将 $f_k(x, y)$ 与原始图像 $f(x, y)$ 进行对应点求差的处理。分别对第 4、5、6 章所介绍方法中的第一层卷积层进行上述处理，得到差值结果，如图 7-30 所示。其中，图 7-30(b) 的前三个差值图像对应为粗检测阶段，后三个差值图像对应为精检测阶段。可以明显看出，基于两级 CNN 的 SAR 目标检测方法与基于 CNN 的 SAR 图像目标识别方法中第一层卷积核对应的处理前后图像的差值以目标边界信息为主。而基于 CNN 的 SAR 图像斑点抑噪网络有所不同，处理前后图像的差值表现为整体目标区域。该现象说明，目标检测与识别方法中第一层卷积层的卷积核相位谱主要用来提取目标的边界信息。另外，由于基于

CNN 的 SAR 图像斑点噪声抑制网络最终输出为斑点噪声矩阵且其分布在整幅 SAR 图像上，并非主要提取目标信息，因此图 7-30(a)所示的卷积核相位谱作用前后 SAR 目标图像区域能量较大。

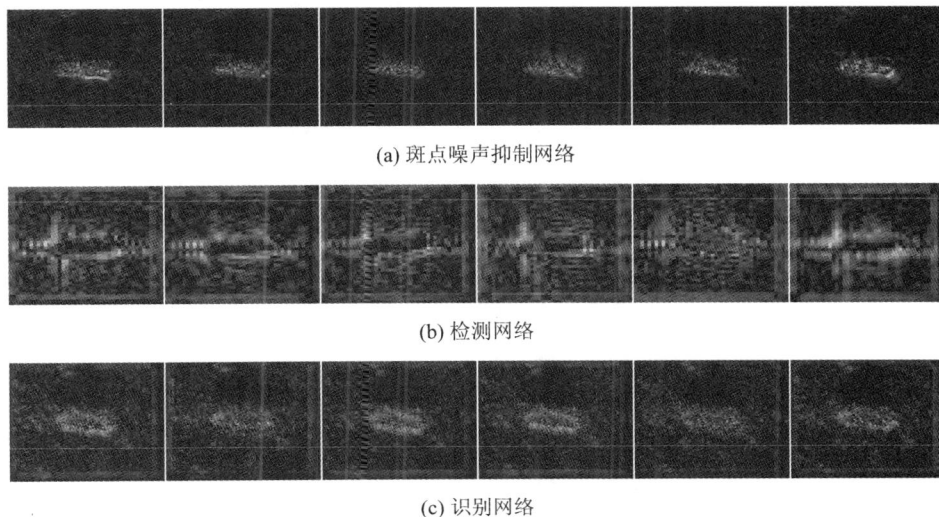

(a) 斑点噪声抑制网络

(b) 检测网络

(c) 识别网络

图 7-30　三个网络第一层卷积层相位谱重构的差值

为了分析三个网络中卷积处理中所有卷积核相位谱的作用，本部分对图 7-30(a)和(b)所示 SAR 图像进行不同卷积核的卷积处理，并分别根据 7.4 节所述方法提取处理前后基于相位谱重构结果的相关系数。其中，相关系数值越大，则卷积核相位谱作用越小。与此同时，该相关系数分布越分散，则代表网络中不同卷积核作用的差异较大。具体统计结果如图 7-31 所示。可以看出，基于两级 CNN 的 SAR 图像目标检测与基于 CNN 的 SAR 图像目标识别方法的相关系数主要集中在 0.2~0.3 范围内，且分布比较集中；但基于 CNN 的 SAR 图像抑噪方法网络主要集中在 0.3~0.5 范围内，且分布相对分散。这与对图 7-30 的分析结果一致。即基于两级 CNN 的 SAR 图像目标检测网络、基于 CNN 的 SAR 图像目标识别方法通过提取目标边界信息完成各自的任务。基于 CNN 的 SAR 图像抑噪方法的任务是学习噪声矩阵，并不关注 SAR 图像中目标形状、位置等相位谱所携带的信息。所以，基于两级 CNN 的 SAR 目标检测方法与基于 CNN 的 SAR 图像目标识别方法的卷积核相位谱的作用较为显著。

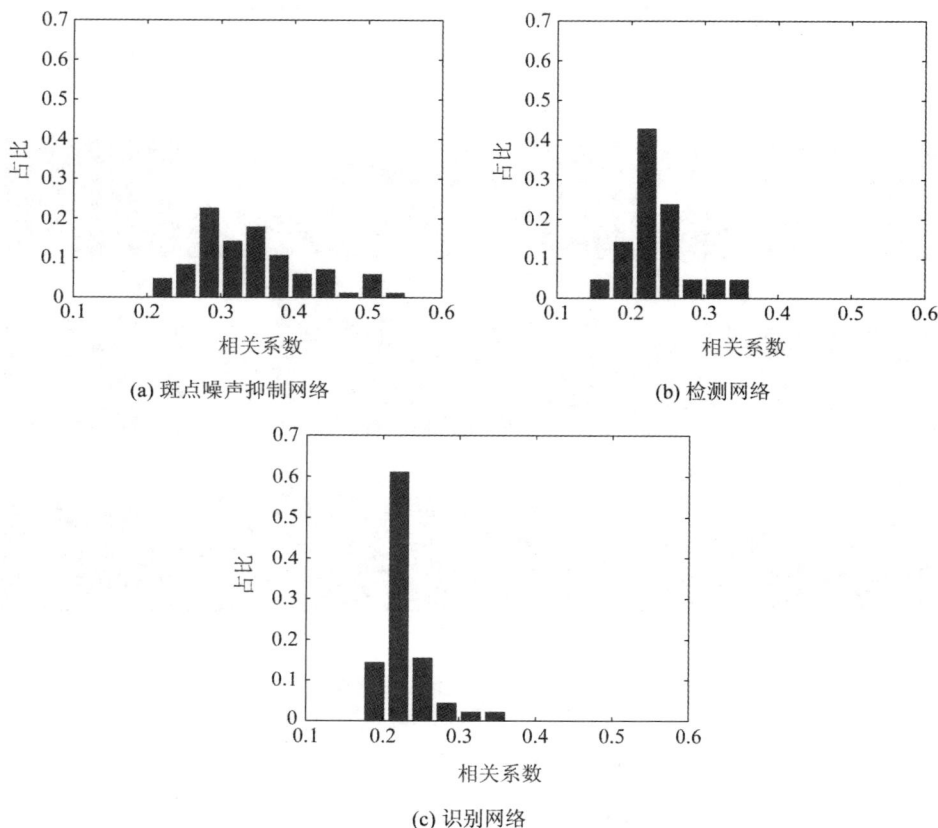

(a) 斑点噪声抑制网络

(b) 检测网络

(c) 识别网络

图 7 - 31　卷积处理前后基于相位谱重构结果相关系数分布情况

7.7　本 章 小 结

　　本章围绕用于 SAR 图像处理的 CNN 模型的黑盒的问题，首先介绍了经典深度学习模型的可解释性方法，之后介绍 CNN 卷积层的频谱特征分析方法，为实现基于 CNN 的 SAR 图像斑点噪声抑噪方法、基于两级 CNN 的 SAR 图像目标检测与基于 CNN 的 SAR 图像目标识别方法的模型进行特征提取的解释。该分析以 2D-DFT 为理论基础，基于卷积定理将空间域的卷积处理转换为频域的相乘。本章通过滤波器类型、应用广泛的陷波滤波器的技术指标对特征图影响的分析，以及特征图的重构结果的分析，解释了 CNN 卷积处理的卷积核幅度谱、相位谱在特征提取过程中所起的作用。

在实验部分，基于上述分析方法，本章对前述基于 CNN 的 SAR 图像抑噪方法、基于两级 CNN 的 SAR 图像目标检测方法与基于 CNN 的 SAR 图像目标识别方法进行卷积层的频谱特征分析。在幅度谱方面，基于 CNN 的 SAR 图像抑噪方法通过提取图像的高频细节信息实现 SAR 图像的抑噪。在基于两级 CNN 的 SAR 目标检测方法中，粗检测阶段提取特征的频率低于精检测阶段，即该方法通过图像低频概貌信息实现疑似目标的提取；精检测阶段的通带宽度比粗检测阶段的更窄，即该方法通过精细频谱的特征实现目标与鬼影的区分。此外，基于 CNN 的 SAR 图像目标识别方法的网络卷积核幅度谱主要提取低频段信息，即通过低频概貌信息可实现不同类型目标的区分。其中，识别阶段的通带宽度最窄，即需要通过最为精细的频谱特征实现目标类型识别。在相位谱方面，通过比较每个网络卷积核相位谱作用前后重构图像之间的差异及相关性，可以得出结论，即基于两级 CNN 的 SAR 目标检测方法、基于 CNN 的 SAR 图像目标识别方法的卷积核相位谱作用显著。

参 考 文 献

[1] CURLANDER J C. 合成孔径雷达：系统与信号处理[M]. 韩传钊，等译. 北京：电子工业出版社，2006.

[2] SKOLNIK M. 雷达系统导论[M]. 左群声，等译. 北京：电子工业出版社，2006.

[3] 汪学刚，张明友. 现代信号理论[M]. 北京：电子工业出版社，2005.

[4] 弋稳. 雷达接收机技术[M]. 北京：电子工业出版社，2005.

[5] 陆根源，陈孝桢. 信号检测与参数估计[M]. 北京：科学出版社，2004.

[6] 高贵. SAR 图像目标 ROI 自动获取技术研究[D]. 长沙：国防科学技术大学，2007.

[7] 曾春艳，严康，王志锋，等. 深度学习模型可解释性研究综述[J]. 计算机工程与应用，2021，57(8)：9.

[8] 熊凯，基于深度学习的稀疏 SAR 成像与去相干斑一体化处理研究[D]. 西安：西安电子科技大学，2022.

[9] 陈琳，基于深度学习的 SAR 图像目标识别与分类[D]. 济南：山东大学，2021.

[10] 程国安，基于卷积神经网络的图像超分辨率重建算法研究[D]. 合肥：合肥工业大学，2022.

[11] 王力，基于深度学习的 SAR 目标识别关键技术研究[D]. 西安：西安电子科技大学，2020.

[12] 王磊，深度学习框架下的极化 SAR 影像信息表达与分类研究[D]. 武汉：武汉大学，2020.

[13] 李少波. SAR 图像相干斑抑制算法研究[D]. 武汉：华中科技大学，2010.

[14] 张璐. 基于深度空间特征学习的极化 SAR 图像分类[D]. 西安：西安电子科技大学，2019.

[15] 何宇强. 基于卷积神经网络的人群计数方法研究[D]. 合肥：中国科学技术大学，2022.

[16] 杜兰，王兆成，王燕，等. 复杂场景下单通道 SAR 目标检测及鉴别研究进展综述[J]. 雷达学报，2020，9(1)：34-54.

[17] 周飞燕，金林鹏，董军. 卷积神经网络研究综述[J]，计算机学报，2017，

40(6)：1229-1251.

[18] CUI Z，WANG X，LIU N，et al. Ship Detection in Large-Scale SAR Images via Spatial Shuffle-Group Enhance Attention［J］. IEEE Transactions on Geoscience and Remote Sensing，2021，59（1）：379-391.

[19] KOO B，NGUYEN N T，KIM J. Identification and Classification of Human Body Exercises on Smart Textile Bands by Combining Decision Tree and Convolutional Neural Network［J］. Sensors，2023，23（13）：6223.

[20] KIM T，BANG H. Fractal Texture Enhancement of Simulated Infrared Images Using a CNN-Based Neural Style Transfer Algorithm with a Histogram Matching Technique［J］. Sensors，2023，23(1)：422.